早上一分钟 改变一整天

[韩] 柳韩彬 著 杨名 译

国文出版社
北京

果麦文化 出品

目 录

001   序言

005   Day 01 ~ Day 30

215   尾声

序言

公园的阳光下充满快乐

今年年初,我独自一人来到印度尼西亚旅行。

印度尼西亚著名的巴厘岛旁边有一个叫吉利特拉旺安岛的小岛,那里禁止车辆通行,只能骑自行车或走路。在岛上的那些天,我白天游泳、潜水、探访美食店,晚上则总是去岛的西边。

不仅仅是我,同一时间,岛上很多人都会骑车去同样的地方。岛的西边人潮涌动,就像过节一样。聚集在一起的人们,不约而同地凝视地平线。此时,夕阳西下,那是一个无法用照片捕捉的场景,也无法用语言来描述。那一刻,我们都停下手中的动作,甚至无暇开口说日落很美,只是惊叹地注视着它。

"为什么总是匆匆忙忙的?只是看着太阳下山就如

此完美……"我在心里默默想。

但是，一回到韩国，一回到首尔，工作就纷至沓来，好像在举行"休假归来宣告式"。我心想："难道整个社区的病患都来找我了吗？"我给同一个动物病患做了三次心肺复苏术，最后还是送它走了。监护人尖锐的抽泣声撕裂了空间。来不及在旅途的余韵中多作沉浸，现实就如此残酷地触动了我的神经。艰难地送走动物病患，我的胸口仍然很闷。

在经历了几天"战火纷飞"的日子后，终于到了周末。太累了，直到中午我才醒来。意识到自己不能整天躺着，我决定打开窗户呼吸点新鲜空气。天气已经暖和许多，出去透透气也不错，于是我穿上人字拖，来到家门口的公园。

公园阳光明媚，一只白色蝴蝶出现在眼前。那一刻，我的幸福感丝毫不亚于在吉利特拉旺安岛看到日落的瞬间。

痛苦像僵尸一般出现在每个人面前

刚开始写这本书的时候，我在一所大学担任全职教授，几经波折，我又追随自己的梦想，去一家宠物诊所工作。这让我再次认识到一个真相：安稳的地方很无聊，寻梦的地方充满焦虑，有趣又不焦虑的工作在这个世界上根本不存在。

我花了很长时间才写完这本书。这些年我经历了很多事，它们也让这本书更有生命力。这是一本关于如何在痛苦不断的生活中找到幸福，保持平静心态的书。

许多人认为，若是能想通很多事，最终获得觉悟，生活中的痛苦就会消失。我也曾这么想，然而事实却并非如此。对每个人来说，痛苦都不会消失，只会不断出现。在写这本书的过程中，我不得不面对很多像僵尸一样复活的问题，同时这一路上写下的东西也给了我很大安慰。在这本书里，我试图尽可能坦诚地书写我的日常挣扎和生活苦痛，以及我是如何创造自己的幸福，而不是把它交给运气和外部环境的。

在身边就能发现的东西

印度尼西亚的日落是我一生中最美好的经历。但如果幸福要坐7个多小时才能到达，那么我一年只能幸福一次。如果我觉得必须有很多钱，必须遇到人生真爱，必须非常有名，这样才能获得幸福，那我可能永远不会幸福了。幸福不是去寻找的东西，在身边就能发现。有些人在蓬松的羽绒被中找到幸福，有些人则在早晨一醒来就拥抱自己的宠物中找到幸福。世界上有多少人，就有多少种幸福。

于是，我开始在早晨进行自己的例行小活动，这让我觉得幸福是自己能掌控的。只要能以喜欢的作息开始一天的生活，就足以让我成为一个更幸福的人。

早点出门，和同事们简单聊聊天，到咖啡厅里喝杯咖啡，然后再去上班。无论是上班途中地铁外的景色，还是手上咖啡的香味，只要你把它们变成自己的，就能把任何时刻变成幸福的时刻。像这样一件一件找到能幸福的小事，把它们变成你的幸福日常。

本书包含30个非常琐碎的日常练习，你可以每天跟着做一个。它们都是我尝试也测试过的方法。我希望只要在早晨练习一分钟，你就能收获一个大洋彼岸小岛上的日落。

Day 01　Day 02　Day 03　Day 04　Day 05

Day 06　Day 07　Day 08　Day 09　Day 10

Day 11　Day 12　Day 13　Day 14　Day 15

Day 16　Day 17　Day 18　Day 19　Day 20

Day 21　Day 22　Day 23　Day 24　Day 25

Day 26　Day 27　Day 28　Day 29　Day 30

· 第一天 ·

Day

01

把"那句话"讲给自己听

马上就能让你不快乐的事

有时我们不知道什么是幸福，但很清楚什么是痛苦。看看但丁《神曲》中描绘的天堂和地狱就知道了。地狱的图景非常具体，相比之下天国则显得简单笨拙。这是因为我们很难具体地想象幸福。

怎么才能以最痛苦的方式折磨你憎恨的人，把他折磨到无法忍受？我们很容易想到一些具体的、邪恶的方法。再试着想想：怎么做才能让你爱的人幸福？通常情况下，我们可能不会得到一个显而易见的答案。因此，如果你想要快乐，首先要停止做那些让你不快乐的事情，这比努力让自己快乐容易得多。

那么，有哪些方式能让你不快乐呢？我知道的最容易不快乐的方式，就是试图控制外部环境："我希望现在一切顺利""我希望明天不再下雨"。尽管我们很希望这些事发生，却无法真正控制。

更无法控制的是他人："我希望那个人安慰我""我希望别人喜欢我，认可我，帮助我"。别人的想法本来就不受我们的控制，越是渴望这些东西，就会变得越不快乐。如果我们能停止对别人的任何要求,肯定会从不快乐中解脱。

道理是这样,为什么会做不到呢?

没有人比你更了解你的心

究其原因,人类是社会性动物,在社会和组织中获得安全感。在韩语中,"人"的汉字词由两个音节组成,直译过来就是"人"和"间",包含了人与人之间关系的意思。对任何人来说,被群体憎恨、抛弃和否认都是一种巨大的恐惧。因为我们真的是合则生、分则亡。问题在于,想被认可的愿望是如此强烈,往往会带来痛苦,这种痛苦甚至会超过得到认可时感受到的喜悦。

另外,我们希望得到他人的认可和尊重,却不清楚自己想得到怎样的对待,只是隐约希望他们对我们好一点。就像我们不知道什么是幸福,但知道什么是不幸福一样。我们不知道自己希望别人为我们做什么,但知道我们不希望别人做什么。

"我不希望你总是否定我。""我不希望你把没什么大不了的事看得很重要，一直唠叨。"想从父母、爱人、朋友、孩子那里听到什么，希望得到别人怎样的对待，像这样把期望用语言表达出来是很重要的。世界上没有人比你更了解你的内心，这与那个人有多爱你是两码事。

一个常见的错误想法是："如果你爱我，就应该这样做。"这会让你感到失望。而你之所以失望，是因为你对对方抱有期待。你要为这些期待负责。有时，人们甚至在没有表达想从对方那里得到什么的情况下，就自己创造期待，然后自说自话地失望和沮丧。如果那个期待的对象是对你重要的人，比如你的母亲，那么你的一生很有可能陷入失望和沮丧。

是时候停止重复同样的事了，你可以把想从重要的人口中听到的话说给自己听。

焦虑也没什么

大部分时间我都在快乐地做自己喜欢的事情，但有时还是会焦虑和动摇。我的焦虑是这样的："我只是在逃避工作的辛苦，所以才不能在一个领域坚持下去。""朋友说读研究生很难,但她从不放弃。""我只做自己喜欢的事情,像变色龙一样变来变去,没有毅力。""这样活着,等到老了会不会后悔?"

有一天,我完全被这些自我责备的想法吞噬了,什么也做不了。痛苦了几天之后,我向妈妈吐露心声:"妈妈,我好着急。我好像是身边的人中唯一落后的一个。"她想都没想就回答:"那你为什么不像其他人一样,做一些正常而稳定的事情呢?你为什么总是要过一种不寻常的生活,挑三拣四地做一些得不到回报的事情呢?"听完这话,我陷入了更大的自我怀疑:"好吧,我为什么要对妈妈说这些呢?我还指望……我真是傻瓜……"

沉浸在痛苦中的我找到了另一个目标,这次是我的一位朋友,这位朋友对我的不安全感总是持肯定态度。她说:"你已经足够好了,还需要做得更好吗?别担心。"但这对我并没有帮助,告诉我不要担心并不意味着我就真的能不担心。

纠结了几天之后,我在 YouTube 上看到一个讲座。老师说:"世界上没有人能像你自己一样了解自己的心,再爱你的人也是如此，不要指望别人能完全了解你。"听完她的话，我开始思考自己真正想听到的话是什么，我为什么要去找那些人倾诉呢。就这样我终于发现，原来我需要的不是鞭策，而是情感上的支持。

所以我开始对自己说："你很焦虑。是的，你现在很焦虑。焦虑也没什么。"这并不意味着我不再焦虑了，但是我有了面对焦虑的勇气。我学会了如何平静地面对焦虑，而不是压抑它。我也没有输给它，因为我有了世界上最了解自己内心的支持者，那就是我自己。

今天，我希望你在一天的开始，把你最想从妈妈那里听到的话讲给自己听。找一句听到时你心中的冰雪会消融的话，把它写在纸上，放在床边，早上一睁眼就读给自己听。

这里有一些注意事项。

首先，接受自己的感受，无论它们有多么幼稚。我们的心智已经成熟，情感却与孩提时代没什么分别，只是用社会化的外壳把心里的感受藏起来了。当然，我们也可能会为自己有这些感受而羞耻，对男性来说尤其如此。这就是为什么自言自语是必要的，因为它能让我们谈论自己不好意思与他人谈论的情绪。

其次，注意不要直接反驳负面情绪。例如："我没有钱。看到那些幸运地出生在富裕家庭、过着舒适生活的人，我就反胃。不过我也不能这么想。我的钱够用了，我没有欠债，我内心很富足，没关系。"但仔细想想，这样真的没关系吗？没必要假装积极、忽略自己的真正感受，这是一种谎言。想一想，如果是别人对你说这些安慰的话，你感觉怎么样？如果我说："妈妈，我很沮丧，因为我没有钱……"而我的妈妈说："嘿，你这种程度已经算好了，你都没有欠债！"我会感到安慰吗？完全不会。

想想自己真正想听到的是什么。承认并包容自己深深的悲伤、卑微和匮乏感。试着对为小事而哭泣的自己说："很伤心对吗？哭一会儿也没关系。"而不是说："这有什么好哭的。"做一个会说这种话的妈妈，就好像我们是自己的孩子一样。

第一天
早上一分钟,试试这样做

第一步: 想想你最想从妈妈那里听到什么。

第二步: 把这句话写在纸上,贴在卧室里。

第三步: 早上一起床就把这句话大声读出来,然后开始新的一天。

Day **01** 1 min

· 第二天 ·

Day

02

坐下冥想 1 分钟

大脑是最喧闹的地方

说起冥想，你会想到什么？在昏暗的大山里穿着长袍盘膝参禅的人？或者更现代一点，一个人穿着家居服端坐在垫子上？如果你曾经有过痛苦的经历，或许已经尝试研究或体验过冥想了，毕竟这是最具代表性的心灵治愈法之一。

最近西方在流行正念冥想。不少成功的企业家和名人都有类似的习惯，他们说冥想会让心情变得轻松很多。但是如何开始呢？

我天生不喜欢人群和噪声，在繁华的街区站上哪怕5分钟都会感到不知所措，去夜店、庆典或参加人多的聚会，这种事更是难以想象。但是有一天，我意识到世界上最拥挤、最嘈杂的地方就是我的大脑。

我非常健忘，很多时候会忘记自己在做什么。洗碗时我会像着了魔一样突然离开，留下沾满泡沫的碗在水槽里，直到晚上睡觉前才意识到碗还没洗完。工作时，如果突然想起一本想看的书，我就会去图书馆网站搜索它，然后忘记自己之前在做什么。有时我还会做白日梦，想着如果中了彩票就要到哪里去做什么，或如何装饰我昂贵的公寓。一切都在我的脑海之中。洗碗时只想着洗碗，打扫卫生时只想着打扫卫生，这种最简单的事对于像我这样大脑很嘈杂的人来说，有时也很费力。

慢性疲劳为什么总是无法摆脱？

如果你觉得自己的注意力不够集中，不能长时间专注于一件事，就可以想想自己是不是想法太多了。直到开始冥想，我才意识到自己一整天没做什么却还是感觉疲惫，因为我的大脑一直很嘈杂。

我们总有各种各样纷乱的念头，吃饭的时候想着工作，工作的时候想着周末约会穿什么。我们花大量时间为过去后悔、为未来担忧，自己却浑然不觉。但是如果开始冥想，我们就会对自己产生的想法有所觉察。我们可以清楚看到脑袋里的地图，里面总是布满不需要存在的地雷。

我们往往在不知情的时候将宝贵的能量分配给这些

地雷，也就是错误的信念。比如："无论如何都要完美地完成工作""要一直善待别人""不能在不必要的事情上浪费金钱""不能浪费一点时间"。

这些信念始终存在，就像我们大脑中默认的操作系统。它们像地雷一样，平时蚕食我们的情感能量，一旦被某个事件踩中还会爆发，让人痛苦不堪，难以承受，以至于我们把所有精力都花在躲避这些地雷上。

"无论如何都要完美地完成工作"是一个常见的地雷。对工作负责是件好事，但如果下了班也总把时间花在思考今天做了什么、确保没有做错事、担心明天要做什么上，或在接到同事电话时会感到惊吓，那就很危险了。当看到别人不如自己细致时，这种人心里甚至会出现一种微妙的优越感，觉得自己做事完美、一丝不苟，自我感觉良好。当承担高难度的任务时，他们也会产生比别人更大的压力，并且很快就会感到疲惫，因为每个小细节都要耗费精力。这样的人无论请多少假，吃多少营养补充剂，也总在遭受慢性疲劳的折磨，因为他们一直在努力防止"不能完美地完成工作"这颗地雷爆炸。

腾空的快乐

如果一直努力躲避雷区，便会永远过艰难的生活。最终你决定清除地雷，而一点一点清除它们的方法就是冥想。

人们之所以会疲惫，是因为在无关紧要的事情上花费太多不必要的心力。当冥想时间足够长时，你就能清楚地区分什么是重要的，什么是无关紧要的。甚至可能会意识到，有些你认为重要的事情其实根本不重要。

写书的时候有很多想法追赶和困扰着我：必须写得完美的想法，一旦出了书，它的评价就会跟着我一辈子的害怕，认为自己不够好的不安全感，思考人们想读的东西和我想写的东西之间的差距……大脑里布满地雷，这增加了工作难度，我要花更多精力在每一行文字上，很多潜意识里更原始的担忧也浮出水面。

这种时候，冥想能让我避免胡思乱想。当然，我的大脑中仍然有地雷，有时也还是会爆炸，让我愤怒和焦虑。但总体而言，我比从前松弛了一些，不会因为重要的事情太多而咬牙切齿，腾出的空间里多了很多快乐。

专注于此时此地

今天,早上一醒来,先坐下专注于身体的感觉。视觉、听觉、嗅觉和触觉都很好。闭上眼睛,你也能感受到它们。

你的眼前可能变亮或变暗,也可能出现白色或红色。感觉一下你坐的地方是软的还是硬的,注意身体的任何紧绷部位。聆听家门口的鸟叫声和摩托车驶过的声音。专注于身体的感官有助于让你的心停留在当下,而不是过去或未来。

一旦习惯了这些简短的练习,你就可以随时随地进行冥想。吃饭时,全神贯注于咀嚼的感觉及饭粒的味道、温度和颜色。下车前,花点时间闭上眼睛,深呼吸。吃完午饭回到座位上,在再次开始工作之前,花点时间闭上眼睛,让自己专注于此时此地。

练习的次数越多效果越好,这些简短的练习与每天 30 分钟或一两个小时的静坐冥想一样有效。

最后我想和大家分享一个故事。有一位僧人在他的隐居之地养了一只野鸡,它经常不规律地咕咕叫。它叫一次之后会休息20分钟，然后接着叫。这位僧人决定，每当听到野鸡的叫声，他就要停下手中的工作，专注于此时此地。

像这位僧人一样，我们也可以在日常生活中练习这样去冥想。

>>>

第二天
早上一分钟，试试这样做

第一步： 早上一起床就找个地方坐下，闭上眼睛。

第二步： 将所有注意力集中在身体感官上，试着持续一分钟。

第三步： 今天一天中，找时间多做几次专注于此时此地的冥想。

Day **02** 1 min

· 第三天 ·

Day

03

说 5 遍 "这也很正常"

练习泰然处之

你是否尝试过让自己变得更加积极乐观?刚开始接触正念的人通常会说:"从今天起,我只会去想积极的事情!"

"一切发生皆有利于我"这句话甚至也流行起来,它让我们努力重构坏事,将其视为好事。

但是,还有比积极思考更有效的方法,那就是泰然处之。这并不是说要忽视坏的感觉,放大好的感觉,而是要把事情看得很淡,明白坏事和好事都可能发生在你身上。

当然,如果受到委屈或发生令人难过的事情时,这样想并不容易。很多人,包括我自己在内,当事情发生在别人身上时可以看得很淡,但当同样的事情发生在自己身上时,就怎么都想不开。

如果我们对发生在自己身上的事也泰然处之,生活就会变得更加轻松。那么,怎样才能泰然处之呢?

神奇的咒语

当试图强行把负面情绪转化为积极想法时,你实际上是在把情绪转化为压力。然而,人无法愚弄自己的潜意识。例如,如果你被上司批评了,感觉很糟糕,你对自己说:"没关系,他们是为了我好,所以我应该心存感激,不要往心里去。"这是在自欺欺人。你真的心存感激吗?你真的感觉良好吗?就算上司说得对,你也很难不往心里去。这种情况总是让人难过。

这就是积极思考和泰然处之的区别。泰然处之需要承认自己的不良情绪。我的老板可能会提出一个观点,而我可能会感觉不好。即使老板说得百分之百正确,我感觉不好也完全正常。

这时真正需要的神奇咒语是"这也很正常"。当上司的情绪化表达伤害了我的感情,我就会说:"这也很正常。"当我被责骂后感觉不好时,我就会对自己说:"这也是有可能发生的。"工作没做好是我的错,因为挨骂而心情不好也是事实。这都是这件事情的一部分,没什么稀奇。

如果你无论如何都决心保持积极乐观的态度,当真正糟糕的事情发生时,你会感到很无力。就好像全世界都在嘲讽你:"看,这你也能继续积极乐观吗?"

生活中难免会遇到一些不好的事。只要还活在这个世界上,我们就会意识到自己无法随心所欲地控制身处的环境和自己的情绪,也无法用积极的态度解决所有事。当杯子里只剩下半杯水时,你可以说"不是还有半杯吗",但当杯子里只剩下几滴水时,如果你说"还剩很多",就只是自欺欺人的谎言罢了。你不能永远逃避坏情绪,假装它们不存在。

说出"这也很正常",事情就变得微不足道了

我刚买车的时候经常出小事故,幸运的是没人受伤,只是停车时剐蹭了其他车辆。即使买了保险还是得自费大约 50 万韩元(2025 年,约合人民币 2610 元),这对当时的我来说是一笔不小的开支。

我很生气,因为不得不在工作日白天去修车厂修车;我很生气,因为浪费了钱;我很生气,因为自己没

有更加小心谨慎，还担心那位车主会生我的气。当我一整天都在生气，以至于无法集中精力做其他事情的时候，我就知道自己需要熄灭心中的愤怒之火了。

遇到这种情况，我总习惯压抑情绪，强迫自己积极乐观，说"幸好没发生更大的事故""总比在路上撞车好"或"我没撞到任何人，感谢老天"之类的话。但这并没有让我好受多少，因为我的愿望是零事故。

一位驾驶经验丰富的前辈安慰我："我能理解，赔钱是国家规定。买车的第一个月要剐4次车可是定律。"听完我更生气了，于是我说："前辈，你不觉得自己有点站着说话不腰疼吗？别人剐4次是别人，我可是心疼死自己花出去的钱了。"前辈见状又补了一句："这也很正常。本来没有花这个钱的打算，你肯定觉得心疼。"

后来我想了想，理解了前辈这样说的原因。这些都是他作为初学者时亲身经历过的事，加上如今的事故是发生在别人身上的，所以说起来轻松。这么看，"这也很正常"真是一句有意思的话，从别人口中听到的时候会觉得生气，自己对自己说的时候，就会变成一个神奇咒语。因为这样做的时候，我们既没有否认情绪，又让眼前的事情变得微不足道了。

所以我希望你能试一试。当你感到沮丧不安，当你越想越生气，当事情没有按照你的想法发展时，请你深吸一口气说："这也很正常。"大声重复5遍，你会感觉自己轻松多了。

生气也很正常

有时，有些事会让你非常愤怒，以至于"这也很正常"的魔法行不通了。

也许有人对你造成无法弥补的伤害，你无法原谅他们。这种情况下，愤怒会爆发，你只想大喊："凭什么！怎么能这样！"这种时候，你要做的只是稍稍改变方向。

"是的，我非常生气。我现在完全有权利生气，我可以生气，生气也很正常。"这么说的时候，你其实是在告诉自己别再忍耐了，要发泄出来。如果你能正确认识自己的不良情绪，接纳它的存在，它的持续时间反而会缩短。如果一味忍受，情绪只会变本加厉地反扑。这和遇到困难时哭出来会感到轻松是一个道理。安慰伤心的朋友时，告诉他们"你可以哭，尽情地哭吧"，比劝他们别哭更有帮助。

但是，对于不愉快的感觉，我们的本能反应是退缩和逃避。我们可能会试图否认它，也可能试图转移自己的注意力，不去想它。我可能会看一档让我无意识大笑的节目，去购物以减轻压力，吃辛辣食物或者喝酒。然而，这种逃避的坏处是情绪会持续很长时间，所以还是应该练习去充分表达自己的感受。

区分合理的情绪和消耗性情绪

当然，不逃避并不意味着你应该陷入负面情绪的循环。可以先学着区分负面情绪的合理性和消耗性。

例如，人在状态不好的时候会比平时更加易怒。我最近工作很忙，经常需要加班，有3天加起来总共睡了不到10个小时。整个人变得急躁、没有耐心，早上睁开眼就不想活了。这种负面情绪是合理的。如果在这时你无缘无故地对某个人感觉恼火，或者对方说什么你都会变得尖酸刻薄，就要注意自己是不是陷入消耗性的负面情绪，习惯于消极地看待和解读所有事物了。

为了提醒自己区分这两种情绪，我使用了"像医生一样说话"的方法，试着练习陈述客观事实，而不是解释或放大。

今天早上一醒来，就说5遍"这也很正常"。一旦开始这样想，它就会成为一种习惯，深深印在你的脑海中。这样，无论发生什么事，你都能以"会有这样的事发生"来接受，而不是不停追问为什么这种事总是发生在自己身上。这样的话，即使不幸偶然降临，也能轻松应对了。

>>>

第三天
早上一分钟，试试这样做

第一步： 早上一睁眼就大声对自己说5遍"这也很正常"。

第二步： 想一件最近发生的糟心事，加上一句"这也很正常"，体会心态变化。

第三步： 想一件无论如何都无法接受的事，告诉自己"我很生气，这也很正常"。

Day **03** 1 min

· 第四天 ·

Day

04

想想你要感谢的 3 件事

逆向条件反射训练

我在大学里教过动物行为学。动物行为学是人类心理健康医学的一个分支，研究动物的心理健康，包含很多关于如何训练、教育或用药物治疗动物的内容。这门课程讲到了训练幼犬的方法，其中最常用的一种叫"逆向条件反射"，目的是教导幼犬改变不恰当的行为。

当幼犬试图爬到桌子上、咬纸巾或者跳起来对陌生人吠叫时，许多饲主会训斥它们"不可以"。但养过幼犬的人都知道，这样做效果并不好，因为幼犬无法真正理解"不"做某事的概念。这也是我们需要逆向条件反射训练的原因，通俗地说，逆向条件反射训练就是要用一种好行为来取代坏行为。

首先，对幼犬遵守"坐下""等待""回家"等命令进行奖励。当幼犬准备扑向陌生人时，你可以发出"坐下"和"等待"的命令。如果它服从命令，就对它进行表扬和奖励。幼犬不能同时跳起来和坐下，所以如果方法得当，经过反复训练，幼犬就能学会见到陌生人时坐下和等待，而不是跳起来。这比说"不可以"

有效得多。

改掉一个坏习惯很难，但用好习惯来代替它就容易得多了。

为什么我们会更想做不被允许的事？

不仅是幼犬，其实人也一样。

心理学中有一种名为"白熊效应"的反弹效应，指的是当我们试图不去想某件事时，那件事反而会更频繁地出现在脑海中。正是因为人类的这种天性，改掉旧的坏习惯要比创造新的好习惯难得多。情绪也是如此，就像你越努力不去想白熊，你就想得越多一样，负面情绪也不会因为你试图让它消失就消失。因此，如果想改变自己的习惯，不妨把之前提到的逆向条件反射运用到自己身上。

和幼犬不能同时执行两个相反的命令类似，人也很难同时想到感激和抱怨的事情。

"从明天开始，我不要抱怨，不要有消极想法。"无论你做了多少类似的决定，都无法摆脱抱怨的习惯。生活是不公平的，身边总会发生一些恼人的、不合理的事情，因此更要把注意力集中在寻找值得感激的事情上。

当你养成对所拥有的一切心存感激的习惯时，对所没有的一切的抱怨就会被抛到一边。如果你很难做到不贪婪，这时不如转而强调给予。

感谢每一件小事

我每天都使用日程计划本，它有一个备注栏，我可以在里面写下任何想写的东西。刚开始写感恩日记时可能会有点害怕，但只要写出过一两件，很快就能写出更多了。

为什么不直接列出现在就能想到的事情呢？我很庆幸自己能坐在咖啡馆里工作。我很庆幸自己有一台能用的笔记本电脑，这样我就可以写作了。我很庆幸今天的咖啡馆很安静，给了我一个舒适的环境。我很怕冷，感谢今天围巾的温暖。手里咖啡的温度恰到好处，正好可以喝。就是现在，你要感谢的5件事是什么？我向你发出挑战，现在就停止阅读，想想你要感谢的5件事。

也许你会觉得自己有点儿绞尽脑汁，那又怎样呢？我们的目的不是去评判什么才真正值得感恩，然后只对真正值得感恩的事心存感激。我们的目的是训练逆向条件反射能力，让心存感激的习惯代替抱怨的习惯，而且是对每一件小事心存感激。

你可以感谢一个温暖的房间，也可以感谢昨天抵制住熬夜或夜宵诱惑的自己。每件小事都值得感激：我拥有的事物、我身边的人、我所处的环境、今天的天气……这样的小事越多，幸福的感觉也会越多。

让身体习惯这种感觉，不也是获得幸福生活的重要武器吗？

>>>

第四天
早上一分钟，试试这样做

第一步： 早上醒来就回顾昨天，想想你要感谢的 3 件事。

第二步： 大声说出自己想要感谢的原因。

第三步： 带着感激的心情开始新的一天。

Day 04 1 min

· 第五天 ·

Day

05

感受自然光

给自己适当的明和暗

我是一个离不开咖啡因的人,如果早上不喝杯咖啡,很快就会开始头痛。我的医生听说这件事后,态度很坚决地说:"你不应该一起床就喝咖啡。"

当我们早上醒来开始一天的活动时,皮质醇通常会在一两个小时内释放出来。皮质醇通常被称为"压力激素",能促进晨间活动,让人精力充沛。这时喝咖啡反而会带来额外的压力,给大脑增加负担。这就是为什么建议起床后至少等一两个小时再喝咖啡。

我仍然喜欢喝咖啡,但现在尽可能在上午10点以后喝。要改掉这个习惯并不容易,如果早上起床后不马上喝咖啡,我就会觉得身体沉重,上班路上也半睡半醒。所以我找到另一种清醒的方法:一起床就拉开窗帘,刻意获取光照。

如果整天都待在黑暗的地方,没有阳光,晚上就很难入睡。现在有了智能手机和其他电子设备,从早到晚都会受到不规律的光线刺激,这往往会扰乱我们的睡眠周期。明亮的阳光不仅能促进快乐激素——血清素分泌，还会刺激睡眠激素——褪黑素分泌。后者能让你在十四五个小时之后自然进入梦乡，让你在晚上睡得更好。

这些天，我每天早上醒来都会打开窗户，晒晒太阳，什么也不做，什么也不想，只是停下来感受微风。不一定是早上，当我日程很紧，或者因为有很多工作要做而感觉焦虑时，我就会到楼外散步或晒太阳。有时我必须轮班工作，这改变了我的昼夜模式。为此，我会使用提前买好的专用照明灯，白天小睡，晚上醒来后晒一会儿照明灯。

明暗周期对我们身体的影响比你想象的要大。有的蛋鸡养殖场还会使用人工光照来调节鸡的下蛋周期。因此，我们一定要允许自己在早上起床活动时获得光照，晚上睡觉时获得黑暗。

需要暂停

约翰·海利在《注意力危机》一书中谈到过不断碎片化的生活带来的危险。我们生活的现代世界节奏越来越快：技术发展越来越快，信息吸收越来越快，我们掌握的信息越多，专注于一件事的时间就越少，理解的深度就越浅。

大约100年前，我们还不得不按照大自然的节奏生活。匆忙并不能让水稻长得更快，也不能让水果成熟得更快，但如今，匆忙能让我们获得更多信息。这就是为什么我们难以摆脱强迫性的匆忙——为了在竞争激烈的社会中生存，我们需要在短时间内吸收大量信息。

问题是这些信息的深度太浅，我们无法凭借它们理解世界。就像建筑与建筑之间要有一定的空间，树木与树木之间也需要空间，美就在这样的空间中产生。一天之中，也要有这样的空间，给自己一些短暂的停顿。

在信息超载的时代，与其做加法，不如做减法。约翰·海利曾学过瑜伽。练习瑜伽时需要非常缓慢地做一些动作，同时更细致地感受肌肉的运动。如果想让忙碌的大脑暂停一下，这是一个好工具。不过，不一定非得练习瑜伽。每天花点时间好好呼吸，仰望天空，感受微风，在忙碌中沐浴阳光就好。

如果只专注于把信息塞给大脑，没有呼吸的空间，最终你会感到不适。如果你一直过着忙碌的生活，却突然不知道自己为什么而活，感到莫名的焦虑，无缘无故地失去信心，这就表明你需要跳一支"暂停舞"，练习为真正重要的事情留出空间。

所以，今天早上，与其起床后喝咖啡，不如打开窗户，沐浴阳光。深吸一口气，感受微风拂过脸颊的感觉。允许自己做一个"无所事事的我""暂停的我"，哪怕只有几分钟也好，以此开始新的一天。

>>>

第五天
早上一分钟,试试这样做

第一步: 起床后喝一杯水,而不是喝咖啡。

第二步: 拉开窗帘,增加房间的亮度。

第三步: 在窗边晒太阳,感受微风拂过脸颊。

Day **05** 1 min

· 第六天 ·

Day

06

向童年的自己发送支持信息

"我不休息"

几年前,有位同事在酒会上问我:"韩彬女士,休息日你主要做什么?"我想了一会儿,不知不觉回答道:"我不休息。"

当时为什么会这么说,至今仍是个谜。明明说读书,与朋友聚会,或者沉迷电视剧就可以。我慌张起来,想要化解尴尬,于是赶紧笑着补充:"哦,我是那种一休息就会焦虑的人,可能这也是我的问题吧,哈哈哈……"

在场的人都笑了,说韩彬总是很忙,话题也就转移到别的地方。这只是一次闲聊,对我来说却是一件大事。因为只有在说出"我不休息"之后,我才意识到自己是真的不会休息。

你知道当我意识到自己无法真正休息时,我做的第一件事是什么吗?我读了一本讲好好休息的艺术的书。好笑的是,阅读它的我却因为花时间学习如何休息而无法休息。

这就是我。我就是这样的人,不断逼迫自己去做一些有意义的事情。

一停下来就内疚

"究竟是从什么时候开始活得这么累的？"我想知道自己是何时患上努力强迫症的，于是反复问自己这个问题，直到我想起六年级时的一件事。

当时有一个作文比赛，主题是"运动会"，我获得特等奖。至今我还记得那篇作文，开头是这样的："运动会到了。弟弟生病了，因此他没参加任何比赛。我又哭又闹，惹父母生气。这样不对，我应该努力让他们开心。"结尾则是："看到父母为我的努力而高兴，我也很开心。明年，希望弟弟和我都要好好表现，让父母更满意。"

小学时我曾因作文获奖而感到自豪，父母和老师也都很高兴。多年来，我一直把装裱好的奖状挂在家里最显眼的地方。高中时的一天，我突然对它感到厌恶，于是把奖状扔掉了。因为我看到了自己小时候的影子，看到了一个努力奔跑，内心却在哭泣的小女孩。我看到作为最大的孩子，自己总是加倍努力，还努力帮父母照顾弟弟。那时我以为这就是幸福的方式，但现在却意识到这不是。毕竟，当时我只是个小学生而已。

许多孩子会从父母的表扬和认可中找到自己存在的理由。我就是这样长大的，现在我是一个从不休息的成年人，做什么事都很努力，或者假装很努力。每当休息的时候，我都会感到不舒服。我要么一直在工作，要么就是在为拖延工作而内疚。

心中的网

人的心里有一张网。有时一些原本对我们来说并不重要的事也会将我们网住。当然，并不是所有的事情都会让我们落入网中，但如果有一次被网住，类似的事就可能重复发生，带来持续的困扰。一旦你被网住，这张网就会一直存在。

举个例子。假设有个人曾经因为贫穷而受到不公平待遇，有一天，他在购物时拿出借记卡，听到店员说："先生，您的卡上余额不足。"店员只是简单传达了事情的真相，他却认为店员没有理睬他，于是再也没去过那家店，回家还在对自己发火。如果他心里没有那张网，当时他可能就会心平气和地递上另一张卡，然后结账。

我的心里也有一张网，它的名字叫"对诚信的迷恋"。如果有人发现我偷懒，我会感到羞愧。我总是想勤恳地把事做好，但身体并不总是支持我这么做。如果我生病了，不能好好工作，或者事情不尽如人意，我就会非常担心自己会被说成是没有诚信的人。我会冒出这样的想法："如果别人指责我怎么办？"或者"如果别人因为我没有做好该做的工作而排挤我怎么办？"，然后陷入崩溃。

如果你发现自己在某些时刻不知所措，问问自己以前是否有过类似的经历。如果想不起来，就试着深入自己的内心，关注当下的感受，也可以关注身体的反应。当开始专注，你可能就会想起过去发生的一些不愉快的事情，就会开始了解你的心灵之网是什么样子的。

这样的网通常由我们小时候经历的事件织成，小孩子通常就没有这样的网。因此，当感到困扰，在开始恨自己之前，你不妨把这样的心情看作一个机会，试试和自己对话。

如果重新写那篇关于运动会的作文，现在的我会说：「运动会是你的日子，你不必为别人而努力。你不必为生病的弟弟负责。你不必拼命获得谁的认可。你的义务就是为自己负责，仅此而已。」

>>>

第六天
早上一分钟，试试这样做

第一步： 回想小时候经历过，至今仍记忆犹新的艰难事件。

第二步： 回到那个情境，写下你想对小时候的自己说的话。

第三步： 早上一起床，就给小时候的自己发一条支持信息，开始新的一天。

Day **06** 1 min

· 第七天 ·

Day

07

找出身体紧张的地方,
伸展开来

良好的姿势能消除一半疼痛

我是一名兽医。听到"兽医",你会想到什么?

大多数在宠物诊所工作的兽医着装都差不多。他们身穿蓝色制服,外套白大褂,衣服口袋里放着笔形手电筒、温度计、签字笔,脖子上挂着听诊器。因为当病患来到诊所时,他们总是需要用到这些东西。

我很少在工作时把听诊器挂在脖子上。因为我有慢性颈椎病,如果挂上听诊器,不到30分钟后颈就会疼痛难忍,再多挂一段时间更是头痛欲裂。于是我不得不多买几个听诊器,放在工作中常去的地方。另外,我也不擅长把头发盘起来。我的头发又长又厚,如果把头发高高地盘在头顶上,重心就会使我的背部更加疼痛。

我一直把颈部疼痛归咎于这个部位的弱点,但几年前开始练习普拉提时才意识到自己颈部疼痛的原因是我总是无意识地缩着脖子。普拉提老师告诉我,这一方面是由于我习惯长时间看手机,在办公桌前久坐;另一方面是心理习惯造成的。他告诉我,我压力大时会驼背,紧张时脖子和肩膀也会蜷缩起来。

一个微不足道的习惯竟会导致慢性疼痛,这是一个令人惊讶的新发现。

只有我能观察我的身体

老师不仅教会我普拉提这项运动,还帮助我调整了生活习惯和心态:如何睡得好,如何吃得好,如何不感到压力。他告诉我,无论多努力锻炼,无论吃多少营养补剂,如果基本生活方式出了问题,健康状况就不会得到改善。另外,他也强调要养成不时观察自己的习惯。

他教我注意自己的情绪、姿势,关注身体哪里感到疼痛,发现问题就要立即解决。老师表情明朗,姿势自信,说话思路清晰。我认为,是他的生活方式赋予了他特有的优雅。

如他所说,正确的姿势和习惯是良好心态的基础。著名心理学专家乔丹·彼得森出版过一本名为《人生十二法则》的畅销著作,书中第一条法则便是"立正站好,抬头挺胸"。简而言之,如果挺直肩膀,摆出自信的姿势,各种激素就会起作用,让你拥有胜者心态。

平日无恙，周末却生病

然而，保持良好的姿势，不时关注自己的身体并不像听起来那么容易。为什么会这样呢？

这是因为我们习惯把注意力放在外界，而不是自身。很多人，包括我自己，都忙于追逐外在的成就，很少向内看。我们总有一些事情要去做，总有一个目标需要去实现。实现一个目标，下一个目标马上又会出现在眼前。

当然，努力实现目标是件好事，问题是在这个过程中我们的眼睛总是看向外界，疏于照顾自己，甚至不知道自己哪里不舒服。这就是为什么很多人在非常忙碌的时候都意识不到自己难受，反而一到周末就开始生病。

观察自己，像照顾孩子一样照顾自己。当孩子哭闹时，你首先会问他们为什么哭。但换成自己呢？即使身体喊疼，我们往往也听不进去。因为我们太专注于目标，忽略了此刻身心的不适，甚至觉得在实现目标前照顾好自己是一种奢侈。这就好比孩子因为饿了而哭闹，你却播放响亮、欢快的音乐来淹没他们的哭声。因此，照顾自己的第一要务就是仔细观察身体向你发出的信息。

我在专心致志做一件事时会习惯性地咬紧牙关，所以颌下总是有压迫感。相信很多人也有类似的习惯。回想一下，看看自己是否因为长时间看显示器而导致眼睛干涩疲劳，或者是否因为压力太大而肩颈酸痛。

自言自语

快乐的人不会只关注眼前的事，他们会养成定期回顾的习惯。回想一下第一次设定目标的时候，你是不是觉得完成这个目标会让你快乐，因此不顾一切地去实现它？你以为找到工作就会快乐，以为完成销售目标就会快乐，等等。但是，肩颈酸痛的你、压力重重的你、睡眠不足的你、长期疲劳的你，显然并不快乐。将来能不能实现目标并不清楚，但你现在感到的不快乐却再清楚不过了。

现在照顾好自己的幸福，并不会让你无法实现目标。如果你不了解观察自己的感觉，请尝试提出并回答类似这样的问题：我现在快乐吗？我对现在所做的事情满意吗？我把时间花在了自己关心的人身上吗？我身体的哪个部位感到疼痛？我是否一直有压力？

照顾好自己的人会发光，我的普拉提老师就是这样。人们也会聚集在发光的人身边。所以，打开你的肩膀，采用胜利者的姿势吧。早上起床后，注意身体每个部位的感觉，听听它们的声音。如果你感觉到任何疼痛，就按摩该部位并伸展开来。肌肉紧张也是压力的反映。想想哪些肌肉是紧张的，为什么会这样。

第七天
早上一分钟，试试这样做

第一步： 早上一睁眼就用鼻子吸气，用嘴呼气，做 3 次呼吸练习。

第二步： 把注意力放在身体上，检查是否有疼痛的地方。

第三步： 伸展放松，向自己保证，今天我会照顾好疼痛的地方。

Day **07** 1 min

· 第八天 ·

Day

08

今天能做些什么来接近梦想?
想想最细小的事

关注你正在做的事

几年前，我重新开始游泳，并坚持了3年多。

游泳是一项有趣的运动，在清晨的游泳课上，我认识了各种各样的人，还参加了游泳衍生出的很多水上休闲活动。游泳是一项很好的运动项目，只是待在水中，身体就会进入冥想状态。越是用力，越是会下沉；越是放松，越是能变成鱼。

水是自由的地方。如果你在水中拼命划动，不仅看起来不优雅，而且很像在挣扎呼救。从远处观察一位游泳高手，会看到他在水中平稳滑行，就像在移动步道上一样。生活中的很多事都是类似的道理。

然而，喜欢游泳的我有一个弱点，那就是长距离游泳。我从小就不怕水，也喜欢自由潜水、尾波冲浪等运动。但当长距离游泳，气喘吁吁时，我就会对水产生畏惧，本能地扶住泳池壁试图站起来。直到有一天，教练教给我一个小窍门。这个小窍门太简单了，那就是密切关注你正在做的事情。

教练说，如果你更关注每一次手臂和踢腿动作的精确性，更专注于抓水和推水的感觉，长距离游泳就不会那么困难。

原本我不大相信，因为我认为姿势变好，心肺功能并不能随之变好。但练习了一段时间之后，我发现教练是对的，进行长距离游泳时，如果设定一个目标米数，一直关注还剩多少距离，我就会感觉更难。但如果只专注于在转动手臂时转动手臂，在踢腿时踢腿，在呼吸时呼吸，我就会发现自己已经游到了泳道的另一端。

专注于此刻的动作，时间会过得很快。

你今天能做什么？

最近，我每天都会重复细节练习，不是整个手臂的动作，而是一个很小的特定动作，比如如何绷紧指尖，如何正确抬肘，如何向前伸肩。每次我最多进行两个练习，否则体力下降得太快，身体也会变得难以掌控。

仔细想想，不仅仅是游泳，我们设定人生中的重要目标并为之奋斗也是一样的。

如果只想着遥不可及的目标，比如游泳的距离，就很容易感到沮丧。让我们沮丧的是现在所处位置与想要达到的位置之间的差距：我需要游到 100 米，但现在只是 5 米，所以还有 95 米。

不想学习的学生每读一页就拿起书，想知道离考试还有多少页。每天都做这样的计算，很快就会感到疲惫和厌倦。

所以，当学习或运动的时候，就不需要制定一个大目标，盯着它，会让自己每天都有压力。每天制定一个现在就能做到的小目标，在完成时感到满足，就像在泳池里做细节练习一样。

重要的是，无论你的目标有多小，都要让它们成为现实。

对自己有信心的证据

当然，我并不总能实现每天为自己设定的小目标。总有太忙或太懒，一天不知不觉就溜走了的时候。不过，想想今天我能做的一件小事还是很重要的。通过每天采取这些小行动，我增强了自己能够实现目标的信心。从本质上讲，信心需要证据。"我能行"的信心，不是大声喊出来就可以获得的。

如果你听过运动员访谈，就能发现他们都有一个共同点，那就是内心不安的时候先让身体动起来。例如，当他们担心"我这个赛季能打好吗"时，他们会再投一次球，然后继续练习。当对未来感到焦虑时，我也会做同样的事。多读一页书，多写一个句子，多完成一篇文章，这些就是我相信自己的证据。

把完成每件小事想象成给自己的信心积累证据。积累的证据越多，内心就会越坚实。

最小单位的目标

我把稍加努力就能完成、很容易成为"对自己有信心的证据"的事称为"最小单位的目标"。从最小单位的目标开始的好处是，你最终会做得比你的目标多得多。

我是在当兽医的第一年开始运营YouTube的。新入行的兽医有一大堆东西要学，于是我开始拍摄自己的日常并上传视频，后来自然做成了一个学习主题的YouTube频道。

订阅者最常问的问题是："当你不想学习的时候，你会怎么做？"我总是告诉他们我会坐在书桌前，告诉自己今天只读目录。我翻开书，读了目录，常常觉得不够，于是又读了几页，不知不觉就读了更多。在这样的循环中，我发现自己做的比目标要多得多，相信自己的证据也越来越多。

在确定最小单位的目标时，人们常犯一个错误，那就是在采取行动之前花太多时间做准备。例如，如果力量训练是你的目标，你往往会不小心花太多时间研究加入哪家健身房——查找附近的健身房，阅读评论，比较价格，等等。这种漫长的准备过程让你感觉自己在做某件事情，其实这只是在推迟实际行动罢了。

所以如果你想健身，今天的最小单位目标应该是"选择一家健身房并报名"或"今天做 10 个俯卧撑"，而不是"研究一家健身房"。换句话说，制定一个你的身体马上能够执行的目标。

那么，你的最终目标是什么，你的梦想是什么，你是否正在为实现它而努力,却又因为没有结果而感到沮丧?如果是这样,试着在早上一醒来就想想你今天能做的最小的一件事,然后在这一天里为它采取行动。

>>>

第八天
早上一分钟,试试这样做

第一步:早上一醒来就重温自己的梦想。

第二步:想想为了实现梦想,今天能完成的最小单位目标是什么。

第三步:完成它,获得自信的证据。

Day 08　1 min

· 第九天 ·

Day

09

写下好恶清单

必须喜欢吗?

在皮克斯动画《疯狂元素城》中,主角炉小焰一生的梦想就是继承父亲的商店,为此她从小不断努力学习和工作。有一天,炉小焰突然意识到经营商店是父亲的梦想,而不是她的。但作为独生女,她觉得自己有义务继承这家商店,毕竟这是父亲的一切,所以她之前一直认为自己也要像他一样。

很多观众都对炉小焰的故事感同身受,因为很多人都不清楚自己喜欢什么或不喜欢什么。我认为这在很大程度上是成长环境使然,在有些环境中,你没有太多选择的机会。又或者你一直忙于生计,没有时间思考。在这种情况下,你会尽量不去管自己的喜好和厌恶,因为你不可能只做自己喜欢的事情来谋生,这就好像你被灌输了"挑食是不好的习惯"的观念。

有的时候,我们还会把自己不喜欢的东西误认为是自己喜欢的东西,又或者相反。例如,我不喜欢散步,但如果我的男朋友喜欢散步,我就会认为自己喜欢散步。如果我所有的朋友都喜欢棒球,我可能也会把看棒球比赛作为自己的爱好，即使我并不喜欢，但这样做也可以避免被冷落。

为了满足身边人的期望，人们常常欺骗自己。

采访自己

喜欢和不喜欢只是一种概念，会随着心情和当时的环境而变化，重要的是时刻关注自己喜欢什么、误以为自己喜欢什么，以及大多数人喜欢但你不喜欢什么。通过采访自己，我发现了下面这样的好恶清单。

我喜欢：大多数竞技运动、桌游、在纸上写字、在咖啡馆独处、制作视频。

我不喜欢：室内有氧运动、网络游戏。

我竟然不喜欢：看音乐演出、散步、外出就餐、摄影。

对自己的好恶思考得越多，它们就越具体。例如，我曾以为自己不喜欢健身，但后来我意识到，我只是不喜欢一个人在室内健身，却喜欢和一群人一起在户外锻炼。另外，拍照和摄影看似相似，但我不喜欢拍照，却喜欢摄影。我不玩网络游戏和手机游戏，但我喜欢和一群人一起玩桌游。刚开始旅行时，我常根据在社交媒体上看到的信息，和其他人一样围绕美食来规划行程。但几次旅行后，我才意识到这并不适合我。无论走多远，我都无法找到一个能让我安心品尝美食的地方，相较之下，我还是更喜欢坐在家里吃东西。

在思考好恶清单时，我意识到自己是一个对感官刺激不大感兴趣的人，不太喜欢看音乐演出或参观展览。但我对有趣的故事非常感兴趣。因此比起音乐演出，我更喜欢有情节的戏剧表演。比起看展览，我更喜欢读一本有趣的书。说到歌曲，我更喜欢歌词好的歌曲，而不那么重视旋律。

了解自己的喜好和厌恶的意义

列出如此清晰的好恶清单有什么意义呢？事实上，你对自己喜好和厌恶的东西了解得越多，你的情绪就更能预测，起伏也会减少很多。

回到《疯狂元素城》中炉小焰的故事。炉小焰坚信接手店铺是自己的梦想，但她在店里帮忙时，却发现自己烦躁易怒。她不知道为什么会这样，只是责怪自己说："我真是一个喜怒无常的人。"

其实，炉小焰的情绪来自她内心的暗示。这些情绪好像在问她："这真的是你想要的吗？"如果你在做自己真正想做的事情，即使事情有点困难，也不会如此烦躁易怒。正是因为她在做自己不想做的事，所以才会莫名发怒，或者把气撒在错误的事情上。

如果你知道自己喜欢和不喜欢什么，就能减少这种情况，更不用说情绪也会平稳许多。

想象你是自己的恋人

作为社会动物，我们总是希望得到他人的关注和爱。很多时候，我们期望家人或朋友比我们自己更了解我们喜欢什么，而我们却没有给自己想要的。所以今天，让我们试着把自己想象成自己的恋人。

想象一下，你和恋人刚刚相恋不久，正在热恋期中。你会不会一直好奇对方喜欢什么，不喜欢什么。你会不会想记住对方喜欢什么，以便以后能更多地让对方开心。让自己代入这样的心态。一开始，你可能想不出很多自己喜欢的东西，没关系，一件一件慢慢来。如果你想不出，也可能是因为以前从来没有人问过你喜欢什么、不喜欢什么。

一开始可能会觉得尴尬，但你问得越多，回答得越多，你的好恶清单就会越长。

当然，这并不是说你应该只做自己喜欢的事情，不做自己不喜欢的事。而是当做不那么喜欢的事情时，你会对自己更加宽容。没有足够的时间做自己喜欢的事也没关系，有意识地挤出最起码的时间就可以。如果你看到周围有人在做会吸引你的事，不妨也去试试看。如果你自己做不到，可以向对方寻求帮助。记住，你经历得越多，就越有机会认识不一样的自己。如果不尝试新事物，就很难看到自己内心更多的可能性。

总结一下我们到目前为止所谈论的内容：首先，挤出时间做自己想做的事；其次，尝试新事物，看看自己喜欢什么。这些微小的努力加在一起，产生的效果超乎你的想象。最后，你的生命将像一棵丰饶的树，结出累累硕果。

现在，为了做到这一点，先开始问自己一个问题，好吗？

>>>

第九天
早上一分钟，试试这样做

第一步： 早上一起床就想 3 件喜欢的事和 3 件不喜欢的事。

第二步： 想想你喜欢的事是自己真正喜欢的，还是只反映了周围人的期待或偏好。

第三步： 今天，选一件喜欢的事去实践，更新你的好恶清单。

Day **09** 1 min

· 第十天 ·

Day

10

加入善意的循环

危急时刻的守护天使

我曾是校园霸凌的受害者。

那是小学六年级的事,就像所有的校园霸凌一样,事情的起因很简单。有个同学想与我交朋友,我不愿意,结果对方恼羞成怒。他在一个周末把我叫去学校附近一条没什么人的巷子里,我去赴约时,发现除了那位同学之外,还有五六个高大魁梧的学生。他们用各种脏话恐吓我,甚至威胁要打我。我努力不让自己哭出来——毕竟大家都是同学,我本能地认为,如果哭出来,就真的成了恶劣事件的受害者。

僵持了半个小时之后,一辆轿车从我们身边驶过时停了下来。一对夫妇下了车,后座上还坐着一个看起来和我差不多大的男孩。从副驾驶座上下来的女士开始大喊大叫,问我那些学生是不是在欺负人。她非常生气,喊旁边的丈夫打电话报警,还抓住那些欺负我的同学的胳膊,试图把他们塞进车里,带他们去警察局。那些同学一边挣扎一边说自己做错了,她才终于作罢。

欺负我的人只是小学生,这位女士的行为足以使他们感到害怕。她又教育了他们很久，好像他们是她自己的孩子。最后她还当着欺负我的人的面递来一张名片，告诉我如果他们再欺负我，就打这个电话，警察局和检察院都有她的熟人。尽管我一直说没关系，她还是开车把我送回了家。

那件事之后的星期一我去了学校，欺负我的同学态度明显转变了。即便如此，我还是无法和他好好相处，但从那以后，我至少能继续过上正常的校园生活了。

善意的循环

最近看到关于校园霸凌的讨论时，我又想到了当年遇到的那位女士。

也许，如果那天她没有出现，接下来我还是会被欺负，一直被欺负到初中和高中，大多数霸凌都是如此。如果是这样，我的生活就会完全改变。

那天我收到了她的名片，但当时我还太小，根本没有想到应该感谢她。回想起来我真的很感激她，却不知道自己能做些什么。现在我很想告诉她我的感激之情，她改变了我的生活。多亏她的帮助，我才有机会成为一个健康快乐的成年人。

没办法当面向那位女士表达感谢成了我的一个遗憾，直到前阵子，有位听过我故事的前辈对我说了这样的话："不一定非要找到她，你可以成为像她一样的人。你得到她的帮助，也可以像她一样帮助另一个陌生人。善意是可以传递的。"

听了前辈的话，我豁然开朗。我决定如果遇到正在经历困难的人，不会视而不见，因为我的行为可能会改变他们的生活。如果我能对陌生人做一点善事，让他们感觉好一些，即使不是很大的帮助，也算是对那位女士的报答。

看到有人处于危险之中，不要视而不见

我的故事有点戏剧化，但你肯定多少也在生活中以某种方式，从熟悉或不熟悉的人那里得到过帮助。回想一下曾经帮助过你的人，想想能为他们做些什么。如果想不起来，先向陌生人提供帮助也是个好主意。

现在，当我们对陌生人表现出善意时，对方可能会变得警惕，这可以理解。所以帮助不一定要很大，在公共场合为身后的人开车门，或者看到前面的人掉了钱包就捡起来告诉他们，这样的程度就可以了。

我曾经向自己许诺，如果遇到处于危险之中的人，我一定会提供力所能及的帮助，不会视而不见。现在我与读者分享这个承诺，这也成了一个公开的承诺。

今天的你，愿意和我一起加入这个善意的循环吗？

>>>

第十天

早上一分钟,试试这样做

第一步: 想想自己是否得到过陌生人的帮助。

第二步: 制定一个"今天的善意行动计划",实践它,很小的事就可以。

第三步: 感谢曾经得到的帮助,感谢帮助别人的自己。

Day 10　1 min

· 第十一天 ·

Day

11

手写一个好句子

你喜欢手写吗？

你经历过留堂吗？学生时代如果违反纪律，作为惩罚，老师会让我们放学后留下来抄写课文。大多数同学对此都感到很乏味，我却并不讨厌。我非常喜欢手写的感觉。当学习时，如果无法集中注意力或理解某些内容，我就会把它写在笔记本上，帮助记忆或理解。用笔写东西时，我会自然而然地集中注意力，知识也能更好地进入大脑。

成年后我经常与朋友们举行在线读书会，共读一本书，遇上好的段落，就会把它抄写在一张纸上，拍下来并互相分享。同样地，虽然我也会使用手机程序来安排日程，但更喜欢将其记录在台历上，也喜欢手写笔记和日记。

将所有注意力放在手写上

抄写不像写作那样是一种高层次的思维活动，因为你不是在创作，只是在复制已经写好的东西。如果你觉得自己难以用文字表达想法，抄写就是一个很好的开始。我想成为一个更好的作家，所以也会抄写好的文章，一遍一遍地阅读，试图把它们记在脑子里。

抄写有很多好处。这么做的时候我们不仅是在复制文字，还能把作者的见解变成自己的，"窃取"比自己更早、更深入思考的人的思想。抄写的时候，我们会更多地思考内容，也会不自觉地让一些观点条理化。这是一种拓展思维的行为，也是最有效、最深入的阅读方式。更不用说，这么做还能帮我们提高词汇量、改善句子结构，使我们变得更会写作。另外，抄写长篇文章比想象中更花时间，当你长时间把所有感官都放在手上时，那种感觉很像是在做冥想。对于像我这样杂念多、很难专注于一件事的人来说，这样的时间是非常宝贵的。

抄写的那一刻，杂念消失了

记得刚开始学习冥想时，我很难集中精力。我很难保持身体静止，停止思考，只专注于呼吸。我动来动去，思绪也会飘向远方，而不是专注在呼吸上。我的脑海里充满了各种想法：昨天的咖喱饭真的很好吃……那个哥哥喜欢我吗？房间的桌子太小了，好想换张大的……咖啡馆几点关门来着？各种各样的想法像牛群一样在脑海中奔腾。我不知道怎么才能坐在那里保持头脑清醒。后来冥想老师给了我一本薄薄的书，让我从头到尾抄一遍。那是一本关于冥想的书。抄书的某个瞬间，我发现自己除了手上正在写的句子之外什么也没想。从那以后，我便爱上了抄书的感觉，之后也保持着这个习惯，这给我带来极大的内心平静。

有些人在焦虑时会咬指甲，这是因为用手做简单的重复动作会激活神经系统，帮助平静心灵。这也是为什么现在许多心理健康从业者将手写作为孤独症、注意缺陷多动障碍、阿尔茨海默病等患者的辅助疗法。养成在手稿纸或方格纸上书写的习惯，慢慢地、细致地写下每个字母，对纠正字迹也大有裨益。

写下最喜欢的句子

那么，如何开始抄写呢？先来选一本喜欢的书吧。

你可以选一本让你深有感触的书，或者一本想模仿作者思维方式的书。你可以挑选书中最好的句子，也可以挑选一本书，从头到尾抄写一遍。这需要很长的时间，但如果你有一本非常喜欢的书，可以称之为"人生之书"，那就去抄吧。不要追求在短时间内抄完它，而是采取少量多次的方式。只要有时间，就用这样的方式去回味自己最喜欢的作品。

我的人生之书是艾克哈特·托尔的《新世界：灵性的觉醒》。这本书我从头到尾读了5遍都觉得不够，现在正在努力抄写。它是一本相当厚的书，我想我需要很长时间才能完成，但我决心记住每一句话，把它变成自己的东西。

不要给自己施加压力，因为只有感兴趣才能持续下去。想写多少就写多少，累了就放下笔。写什么并不重要，也不一定非要抄书。抄写的素材可以是你在报纸或杂志上找到的一小段散文，也可以是电影中的一句台词，还可以是一首诗或歌词。可以写在笔记本、速写本或平板电脑上（不过我不建议在键盘上打字）。反映你的个人喜好也是很好的——如果用漂亮的笔写字会让你感觉更好，或者你喜欢在漂亮的笔记本上写东西——因为抄写时感觉越好，越满意，就越容易养成习惯并坚持下去。但也不要沉迷于完美，忘记了这么做的初衷。如果发现自己因为字写得不好看而不断重写，那么你可能需要再次评估抄写的目的。

如果握笔姿势不正确，需要先解决这个问题。我从小就有握笔姿势不正确的习惯，喜欢把笔夹在中指和无名指之间，越写越用力。这么写下来，我的手积攒了不少压力，手指长了茧，甚至变了形。所以现在即使是长时间抄写的时候，我也会坐直身体，尽量用正确的方式握笔。虽然有点不太舒服，字也不大好看，但这能让我写久一点。

何不试着在纸上写下自己最喜欢的句子，开始新的一天？写完也可以拍张照片与朋友分享心得——这是一种有趣的分享方式。

>>>

第十一天
早上一分钟,试试这样做

第一步: 早上起床洗漱好,泡杯茶,挑一个最喜欢的句子抄在纸上。

第二步: 拍照分享给好朋友。

第三步: 平常遇到心动的字句或文章时,保存起来作为抄写素材。

Day 11 1 min

· 第十二天 ·

Day

12

问问自己:
如果不用担心钱,你会做什么?

一个让我知道自己真正想做什么的问题

"如果不用担心钱,你会做什么?"

我喜欢这个问题。这是几年前一个朋友问我的,现在我遇到新朋友时也常常会问他们。这是一个很好的方法,可以让你从头开始思考自己真正想做的事。

"我想买一辆面包车,装上各种医疗设备,去全国各地的流浪狗收容所做医疗工作。我只在想做的时候做,想做多久就做多久。"回答这个问题时,我总是毫不犹豫。

我很清楚喜欢什么:我喜欢动物,喜欢照顾它们,也喜欢动物医学专业。但我最喜欢的还是做自己喜欢的事,并且拥有想做多少就做多少的自由。因为无论多么喜欢做某件事,如果是为了履行义务或被迫去做,就会变得不喜欢。

当在日常生活中碌碌无为,突然对现状疑虑重重,感到不知所措时,我就会试着想象一个不受束缚的未来。思考什么是自己真正想做的,而不是别人希望我做的事。

如何在拥有欲望的同时摆脱欲望带来的痛苦

人们常说:"如果你清楚自己想做什么,就会找到办法做成它。"而我非常相信另一句话:"贪婪是我们最大的敌人。"

很多人会困惑,生而为人怎么能没有欲望呢?没有目标,人怎么会有动力工作和生活?放下贪婪并不意味着什么都不想要,什么都不去争取。那么,怎样才能既保留自己的欲望,又从欲望带来的痛苦中解脱出来呢?

在我看来,你可以带着这句话去追求你的目标:"我不快乐不是因为现在缺少什么。"

比如我会对抱怨说自己太胖,该减肥了的朋友说"哇,你现在就很美,但你减肥后会更漂亮的!""我不够苗条,所以必须节食,这样才能被爱"和"我现在已经很好了,但如果我开始锻炼,可能会看起来更好"这两句话是不同的。后面的这句话既不否认减肥和想变美的愿望,也不低估自己现在的价值,更不执着于非要在未来改变什么。

我们之所以会在追求欲望的过程中受苦,是因为我们错误地认为"我不快乐是因为我没有这个,当我拥有这个的时候就会快乐"。这种想法是很危险的。因为一旦拥有了这个欲望对象,你可能很快就会对它感到厌倦,习惯性地渴望获得另一项成就,陷入"欲望—成就—厌倦—新欲望"的循环。

环顾四周,令人心痛的是,我们中有很多人以痛苦为动力,想着"我必须赚很多钱才能成为快活的人""我必须变漂亮才值得被爱"。这样自责是很痛苦的,因为你不习惯让自己舒服,总是把痛苦看成是努力的证明。当然,如果这样就能如愿以偿,永远快乐,那就再好不过了,问题是事实并非如此。所以,如果你因为没有得到你想要的而痛苦,请停下来,对自己说:"我现在这样已经很好了。"一旦承认这一点,你就能以更轻松的心态去面对新事物。

观念的滞后

在学校里,我们一直被打分,看自己离满分还有多远,并把注意力集中在犯下的错误上。生活在严厉的父母身边，他们会指出我们的缺点。在竞争激烈的社会生活中，我们又总是环顾四周，把自己和更成功的人比较，盯着自己没有的东西看，觉得自己需要更多。但这只是一种思维习惯，也是一种历史悠久的社会习俗。

我是个素食主义者。告诉别人我吃素时，大家都会担心我营养不良。如果我在冬天感冒了，就会听到"那不是因为你不吃肉吗"这种话。但看看周围，有多少人是因为缺乏营养而生病看医生的？相反，如今医院里更多的是因为营养过剩而患上肥胖症或者高脂血症的人。我们生活在一个应该担心营养过剩而不是营养不足的时代，但很多人仍然担心素食者营养不足，好像他们还没有适应这种变化。

出现这种现象是因为韩国刚经历过饥饿时期没多久——就在50年前，人们还因为吃的东西不够而生病。肉类能量密度高，可提供蛋白质，非常适合补充人体所需的营养。世界变化很快，如今我们更应该担心的是过剩，而不是缺乏，只是人们的观念还没跟上变化的脚步。很多事可以说是一种观念的滞后，这样的现象也发生在我们的欲望上。我们刚刚经历过一个因为什么都不够而不快乐的时期，自然想要更多。

因此，大人催促孩子拥有更多，活得更努力，取得更好的成绩。人们在社交媒体上炫耀说自己是个幸福的人，因为拥有更多东西。营销人员不断给你洗脑，说："你之所以不快乐是因为没有用我们的产品。"生活在这样的环境中，我们会情不自禁地想："如果我不快乐，那是因为我没有拥有更多。"

越是在这样的时候，我们越是要明确自己的主体意识，明确自己真正想做什么。因为当清楚地知道这件事的时候，你就能享受过程，而非执着于结果。

今天，问自己一个问题，了解自己真正的、而不是源于匮乏的愿望。一旦找到了想做的事，你就会觉得："我现在的生活已经足够好了。但如果我不需要考虑钱，我想尝试一下做'那件事'。"只要这么想一想，我就会感到安心。

第十二天
早上一分钟，试试这样做

第一步： 早上醒来问问自己："如果不用担心钱，你会做什么？"

第二步： 在新的一天尝试去做这件事，哪怕只有一点也可以。

第三步： 给做这件事的自己发一条鼓励信息。

Day 12　1 min

· 第十三天 ·

Day

13

让大脑透透气

待办事项不断出现

现代人总是很忙,要做的事堆积如山,塞得满脑子都是。我也一样。

大多数宠物诊所都是封闭的空间,没有通向室外的窗户。我整天在一张小小办公桌前办公,午餐也经常用盒饭解决,电子病历程序中总是排满了候诊病患的名单,忙起来甚至没有喘息的时间。有时我感觉自己仿佛置身于卓别林的电影《摩登时代》中的场景,病患从传送带上源源不断地拥来。

在某个阶段,我察觉这样的生活需要改变。就在那时,我得到一个在大学任教的机会。工作依然繁忙,不比从前清闲多少,幸运的是,我的实验室有一扇窗户。但我必须背对显示器而坐,所以总是用百叶帘遮住窗户。讲课时间之外,我很少与人见面,总是把自己关在实验室里,通过电子邮件与同事交流。有很多个夜晚我都会加班到晚上 10 点,一声不吭。很快,我的胸口变得闷闷的,脑子里满满的,待办事项像僵尸一样不断出现,压得我喘不过气来。

你的视野正在变窄

我相信很多上班族都和我一样，日常生活中很难把目光从显示器上移开。按时完成手头的任务都很难，更不用说进行创造性思考了。现在人们的工作范围往往很窄。组织越大，这种情况越糟糕。即便你是受过高等教育的人也不例外，在高度专业化的岗位上，工作范围常常也很狭窄。

当忙于在如此狭小的区域工作而没有休息时，你就会产生所谓"脑雾"，感觉脑子雾蒙蒙的，视野也变窄了，仿佛整个人一直在原地打转。你的记忆力会受到影响，疲劳和抑郁主宰着每一天。你无法顺利完成工作，人也越来越焦虑。如果有这样的经历，你就要意识到："我被小事困住了。"你需要认识到"我"，"我的视野在变窄"。你需要让大脑透透气。

我发现的一个方法是使用"谷歌地球"。这是谷歌提供的一款卫星地图程序，提供全球大部分地区的卫星图像。一开始我只是用它来寻找我的房子和办公室，但现在我已经能舒适地在显示器上探索世界了。我会查看某个地区的卫星图像,然后不断滚动,看到的区域也逐渐缩小,直到看到飘浮在太空中的地球。

当看到地球时,我会把眼睛闭上几秒,想象身处其中的渺小的自己。这种时候,即便是坐在整天开着暖气的密闭空间里,头脑也会像被冷风吹过一样清醒。

为大脑注入新鲜空气

在拥挤的地铁车厢里,如果每个人都想同时离开,入口就会被堵住,谁也出不去。但是,如果大家一个接一个有序地离开,从站在离门最近的人开始,每个人就都能以平和的方式离开。对大脑而言也是如此。当面前的工作堆积如山时,你要做的第一件事就是给它一些呼吸的空间。

让大脑透气的另一种方法是第二天介绍过的冥想。但当大脑不堪重负、思绪堵塞时,人很难进入冥想状态。如果是刚刚开始冥想的初学者就更难了。这种时候高强度的体育锻炼是最好的方法,但如果没有这样的条件,只是到空旷的地方眺望远方也非常有效。

我从事的职业是写作，可以在任何地方用笔记本或电脑办公。太累时我会去一个能看到河景的咖啡馆或有大窗户的地方工作，但不是每个人都有这样的自由空间。所以，我要告诉你一件任何人都能做到的事，那就是爬到建筑物的最高处远望，在楼顶上深深吸一口气。

如果这样也很难做到，可以尝试一些简单的方法，比如早上一起床就打开窗户，尽量向远处眺望一分钟左右，然后再开始一天。量力而行，尽力而为，总有一种方法最适合你。就像我会在没有窗户的小办公室里看"谷歌地球"，让大脑呼吸。在 YouTube 上搜索航拍照片或无人机视频也可以。

重新用更广阔的视角看待世界，然后回到当下，解决好眼前困扰自己的事，一个接一个地。

>>>

第十三天

早上一分钟，试试这样做

第一步： 早上一起床就打开窗户，眺望自己能看到的最远的地方。

第二步： 如果视线被建筑物遮住了，就仰望天空一分钟。

第三步： 从今天能做的小事开始新的一天。

Day 13 1 min

· 第十四天 ·

Day

14

焚香凝视

房间中的点睛之笔

几年前的圣诞节,我去一个朋友家参加聚会。朋友家很漂亮,像是那种会出现在杂志里的房子。她总是花很多精力装饰家,因为那是她最重要的放松场所。朋友会用自己喜欢的物品装饰室内,保持清洁,养很多植物,换季时还会重新摆放家具以改变氛围。同时,她是一个享受烹饪的人,用的餐具也很漂亮。

除了装饰,朋友家打动我的另一个地方是香薰蜡烛。她的房间、起居室和浴室都有一支蜡烛,还有一个加热灯,可以让蜡烛在不点燃的情况下散发香味。此外,她还有几十支蜡烛收藏。当我问她为什么有这么多香薰蜡烛时,她说:"香味让房间更完整。装饰品只能占据空间的一部分,香味却能充满整个房间。所以改变香味可以改变整个房间的感觉,甚至可以改变房间里的人的心情。"我觉得这个想法很酷,朋友也鼓励我挑一支喜欢的蜡烛回家。

换一种气味就能改变你的生活

于是，以朋友赠送的蜡烛为起点，我开始了自己的香薰之旅，日常生活中也增加了香味这种工具。

每当给房间换上不同的香味时，我都会想起朋友优雅的生活态度：当你照顾好自己的空间，感觉放松的时候，你就照顾好了自己；当你改变家里的香味时，家就会变成一个完全不同的地方。我很感激朋友教会了我这个宝贵的道理。

我们知道环境的重要性，也都希望能在一个阳光明媚、空气清新、宽敞舒适、井井有条的地方度过时光，放松身心。但在现实中，我们并不总能拥有这些东西。因此，如果你正在寻找一种低成本的方法来改变所处空间的氛围，不妨试试像我一样使用香薰。让空间充满芳香并不像你想象的那样需要花费很多时间或金钱。

气味就是记忆

一开始我使用的香薰是蜡烛，没过多久就改用了线香。这是一种通过燃烧产生烟雾的产品，比蜡烛便宜，而且因为是燃烧的，在消除异味方面也更有效。线香燃烧的时间比蜡烛短，你可以像沙漏一样使用它们，或者用点一根香的时间进行冥想。

玻璃瓶装的香薰蜡烛可能相当昂贵，而且燃烧时间较长。线香则便宜很多，一包很快就能用完，你可以在不同的香味之间切换，不会感到厌倦。想让房间充满香气时，可以使用香薰蜡烛；想要冥想或者净化空气时，可以选择线香。

气味是记忆的载体。有些气味会让我们想起特定的人或场景。线香通常会唤起人们对寺庙的记忆：偏僻之地宁静舒适的氛围、偶尔传来的风声、周围的树木、爬树的松鼠、晴朗的天空，还有潺潺的流水。

因此，焚香是一种进入冥想的好方法，因为它能唤起人们对身处山中静谧寺庙的回忆。另外，在佛教中，香也和奉献精神联结在一起，因为它燃烧时会向周围散发出好闻的气味，而蜡烛燃烧时则会照亮周围。和芳香疗法一样，好闻的气味也有净化心灵的作用，这也是它们深受瑜伽爱好者喜爱的原因。事实上，光是看着焚香时升起的烟雾就能让人进入冥想。

需要能量时使用甜橙，需要放松时使用薰衣草

不过，焚香也有注意事项。因为焚香难免会对呼吸系统造成影响，如果患有呼吸系统疾病，应该先咨询医生。即使没有呼吸道问题，也建议开窗使用，或者用后开窗通风一段时间。如果家里有孩子或宠物就更需要小心，宠物的呼吸系统尤其敏感。狗还会在地板上打滚，用鼻子嗅来嗅去，如果吸入香粉，很容易造成问题。

为了最大限度地发挥芳香疗法的功效，还可以使用加热灯。或者选择喜欢的精油，利用香薰机散发香气，大多数出售精油的地方也会告诉你每种精油的功效。当我需要能量时，我会使用甜橙精油；当我需要放松时，我会使用薰衣草精油。这两种香味非常基础，随处都能买到，价格也很实惠。如果心情不好，我也喜欢用玫瑰精油，但它的价格相对较高。

如果你是香薰新手，这里有一些我喜欢的香薰产

品分享。

1. 印度线香。材料取自大自然中的植物,带细小香粉。燃烧时会发出浓郁自然的味道,留香持久。如果你喜欢寺庙的味道,想要置身于宁静祥和的氛围,这类香就是为你准备的。

2. 香薰蜡烛。香型很丰富,有花香、果香、木质香甚至食物香(比如香草、巧克力等)可选。有些品牌会把香薰蜡烛的气味做得足够浓郁,你可以只是打开盖子而无须燃烧或使用加热灯。如果你有呼吸道疾病,这是一个不错的选择。另外我很喜欢"鲜切玫瑰"味道的蜡烛。当玫瑰精油很贵且不大好用的时候,它是一个很好的替代选项。

3. 木芯蜡烛。灯芯由木头制成的香薰蜡烛。比起使用加热灯,直接点燃更能完全释放蜡烛的魅力。它的特点是会发出"噼里啪啦"的声音,就像木柴在燃烧。听着这种声音会让人非常放松,就像一种白噪声。它的缺点是不像棉芯蜡烛那样能稳定燃烧,有些产品燃烧到一半就熄灭了,所以购买前最好先看看评价。

你可以在临睡前或者早起后尝试以下这套程序:选

择一种适合自己心情的线香,打开窗户,焚烧几分钟。你可以让自己的想象力跟随香味去任何地方,或者也可以想想最近让自己最感激或者最快乐的一件事。

>>>

第十四天
早上一分钟，试试这样做

第一步： 选择一款适合今天心情的线香。

第二步： 打开窗户，焚香，静静地看着它燃烧一分钟。

第三步： 闭上眼睛，回想昨天最值得感激的一件事。

Day **14** 1 min

· 第十五天 ·

Day

15

淋浴的仪式

抚慰辛苦的仪式

那是几年前的一个冬天，我正在拍摄一部电影。那天的拍摄计划都在室外，过程中还意外下起了天气预报都没提到的雪。我穿了厚厚3层衣服，贴了摄制组准备的暖宝宝，全副武装，还是冻得不行。

预定拍摄内容结束后我和大家一起喝热汤，然而仍感到寒意彻骨，拿勺子都吃力，感觉大脑已经停转了。就在那时，有位摄制导演说："天气冷的时候，无论下班后我怎么开暖气或者电热毯，都还是感觉很冷。这种时候，我就会去浴缸里泡热水澡。"

听完他的话，我在回家前10分钟给妈妈打了电话，请她帮忙在浴缸里加好热水，一到家就泡了进去。当冻僵的我融化在温暖的水中时，方才的疲劳顿时烟消云散，身体感受到的只有满足。

一天下来，我觉得自己快要被寒冷、压力和疲劳折磨死了，这件小事却让我感觉如此之好，我就像发现了生命的秘密一样开心。我非常喜欢这种体验，以至于把冬天外出回来后立即洗澡变成了习惯。

在此之前，洗澡只是一种清洁身体的实用程序，现在却变成了一种仪式，一种安慰自己一天的仪式。如果不能泡澡，淋浴时在热水里站一会儿也可以。

幸福日常

生活中有哪些时刻让你感到快乐，或者你每天都在做哪些小事来让自己快乐？

我们不快乐的原因其实很简单，因为我们认为幸福太宏大、太遥远，要通过考试、顺利升职、得到认可或者赚很多钱才会幸福。这样努力追求的幸福很难得到，即使得到了也不会持续太久。这并不意味着我们不应该有目标，却意味着我们应该时刻关注眼前的小事。你越是想要更好的运气，离幸福就越远；你越是注意到身边小小的快乐，就越是能接近它。

幸福更多在于频率，而非幅度。所以也许我们更应该去寻找它，而不是追逐。

平常吃的早餐、照耀我的阳光、一个真正能倾听我的朋友、我喜欢做的事情……敏锐地发现生活中那些你原本认为理所当然的幸福时刻。这种时刻积攒得越多，你的幸福指数就会越高。

将清洁时间变成充能时间

我要和大家分享一个任何人每天早上都可以做的幸福小习惯，那就是淋浴。它比泡澡更方便，只要你愿意，今天就可以开始做。当洗澡时，你不要只顾着洗干净身体，而是静静地站着，让水流落在身上，哪怕只有一分钟也好。尽量不要想其他事情，只专注于水流落在身上的感觉。把所有注意力都集中在水的温度、水的声音、水和身体接触的感觉上。

水从顶部落下，清洁我们的身体，然后流入下水道。如果你脑中有任何未解决的烦恼，不如想象一下，它正溶解在流动的水中，并通过下水道被带走。水流源源不断地流下，你的烦恼也会随之被冲淡。

这样做的时候，晨间淋浴就会神奇地转变为洗去烦恼、理清思绪、将能量注入心灵的时间，而这一切在过去只是匆匆忙忙、杂乱无章的清洁工作。

另外，据说洗冷水澡有助于理清思绪，提高注意力。在习惯之前，洗冷水澡是很痛苦的，但短暂的疼痛会释放压力激素，进而为身体注入活力，督促你从床上爬起来，做一些有意义的事情。为什么不试试呢？

冷水淋浴的效果类似于跑步 30 分钟后出现的"跑者愉悦"。因此，何不在早晨用一分钟的淋浴唤醒大脑？

>>>

第十五天
早上一分钟,试试这样做

第一步: 早上起床静静地淋浴一分钟。(如果需要放松,就洗热水澡;如果想增加活力,就洗冷水澡。)

第二步: 洗澡时不要想今天要做的事,只关注身体的感觉。

第三步: 想象内心所有的烦恼都随着淋浴的水流被冲走了。

Day 15 1 min

· 第十六天 ·

Day

16

早上起来就整理好床铺

对挑战的抵触情绪

在学校教书的时候,我最关心的问题就是如何激励学生。有些学生过于害怕,不惜一切代价回避新挑战。其中一位学生让我印象深刻:他的成绩不达标,即将被评为F级(韩国本土考试中最低的评分等级)。当我提出给他一次补考机会时,他的回答是:"对不起。如果我补考又达不到及格线,那不还是F吗?我没信心能超过70分,所以就给我F吧。"

认为自己会失败而选择不去尝试,带学生外出实习时我也经常碰到这种情况。学生看到在某处已经工作了5年或更长时间的前辈,就会说:"我以后不可能在宠物诊所找到工作,我做不到像他们那么优秀。"看到学生被吓得什么都不想做,我感到很沮丧。然后开始问自己:"为什么有些学生不用教也会挑战自己,而有些学生无论我怎么鼓励都对挑战有抵触情绪?"

当然,这个问题没有唯一正确的答案。起作用的因素可能有很多,比如性格的差异、原生家庭问题、生活经历等。我们能肯定的是,性格或原生家庭往往已经无法改变了,那么我们现在除了创造良好的体验,还能做什么呢?

如果可能的话,我想尽量在学生离开学校之前让他们得到尝试并取得成功的经验,哪怕只是一次小小的成功也行。这样他们就能更轻松地迎接未来的新挑战。

小成就和表扬最重要

我发现最有效的方法是给学生布置可以完成的任务,然后表扬他们。课堂作业固然很好,但在这种情况下,做得不好的学生看到做得好的学生可能会感到自卑,因此我会为学生量身定制最适合他们的作业。这当然需要耗费大量精力——时间,注意力,对学生的深入观察,等等——因此也需要量力而行。

例如,我会安排一名很难结交新朋友的学生去行政办公室拿文件。这个任务看起来简单,对于一个极度内向、不善社交的学生来说却是不小的挑战。但是一旦他做过一次,第二次就容易得多了。当他们第一次完成任务时,表扬也很重要:"看,你能做到的嘛。"这样做多了，成就感会像幸运中奖券一样积累起来。

很多时候，即便是最小的挑战你也很难接受，觉得如果失败了，世界就会崩塌。可一旦尝到成功的滋味，你就会意识到这些挑战其实没什么大不了。失败也是类似的道理，挫败感和伤痛往往比你事先想象的弱得多，也没那么难以承受。即使当时感觉要死了，过一段时间世界仍会变得光彩夺目。卓别林也曾说过："所有的人生故事近看都是悲剧，远看却是喜剧。"

当然，有时你会受到挑战，伤痕累累，难以释怀，但要记住，这是一段宝贵的经历，对你的未来有所帮助。"这次是这样的，下次试试别的方法。""我已经有过更艰难的经历了，眼下的事情也不算什么。"但如果你从来没有失败过，也没有成功过，那么脑海中只会有一种模糊的恐惧感。

给自己一个失败的机会

恋爱是人生中最重要的经历之一。你经历过痛苦的分手吗？我们可能都经历过一次。在经历痛苦的分手之后，有的人可能会不愿意再进入亲密关系。他们害怕受到伤害，变得越发会隐藏自己的内心。这些人往往在无意中成了逃避者，一种基于恐惧的逃避。而对于一些内心更安全、更有力量的人来说，哪怕遭到了背叛，他们可能也会说："嗯，其实我很喜欢你，但我不喜欢现在这样。"

逃避是一种为失败准备的保障，是让自己不受伤害的最简单的方法之一。但只有那些敞开心扉、勇于表达的人才能体会到全然的信任（当然，在选择信任的对象时也要小心谨慎）所带来的愉悦和自由。

有两种人：一种人把精力放在不惜一切代价避免受到伤害上，另一种人把精力放在传递无限信任和活在当下。如果你认为自己属于前者，我建议你从今天能完成的小事做起。

我总是建议从小事做起，这样即使失败也不会太痛苦。每天成功坚持运动的人，更容易成为顺利应对任何事情的人。越是挑战自己就越有机会取得成就。不必一开始就制定多大的目标，只需要从每天步行 30 分钟、每天做伸展运动或每天早上整理床铺开始。

如果你问："要是连这种小事都失败了该怎么办？"我想告诉你，你有两个选择：一是连这样的小事都不去尝试，剥夺自己失败的机会；二是尝试任何力所能及的事，品尝成功和失败的滋味。

你应该已经知道了什么是更好的决定。也许一开始只是一个很小的习惯，但如果不断尝试，你就会发现自己真正想要的是什么，什么更适合你，或者你擅长什么。给你的身体和心灵失败和成功的机会。当发现自己失败时，你可以拍拍自己笨拙的背，为自己的勇敢拍拍手，第二天再试一次。

那么，今天就让我们从整理床铺开始，好吗？

>>>

第十六天
早上一分钟,试试这样做

第一步: 早上一起床就把床铺整理好。

第二步: 把躺过的地方想象成"吸尘器",想象昨天所有的烦恼都被吸了进去。

第三步: 以轻松的心情开始新的一天。

Day **16** 1 min

· 第十七天 ·

Day

17

丢掉不再令你兴奋的东西

减少贪心，重新专注

几年前，我写了自己的第一本书《下班后开始新的一天》。

梦寐以求的作品出版的那一刻，我的心怦怦直跳。同时我也很害怕。虽说很希望能写出好东西，但我更害怕被批评。写作时我会想："我写的东西真的有用吗？"我想给读者树立一个好的榜样。

完美主义让我想把一切都写进去。我想写实用的方法论，真正帮助人们，但我也想写一些其他作家给不了的突破性建议。我想写得漂亮，但我也想尽可能多地提供信息和客观的统计数据。

我太贪心了，以至于很难找到写作方向。回头重新看自己的文章，我才意识到其中充满贪婪。后来我想，这是我的第一本书，就只实现一个目标吧。思考目标的时候，我想起我的妈妈，她很爱书。她说她讨厌那些难以阅读的书，它们连一个故事都讲不明白，又或者句子不通顺、不好懂。

于是，我重新开始写作，目标是尽可能简单轻松地写下我知道的东西。我尽量不贪心,只专注于用简单的句子写出自己最熟悉、最自信的东西,不知不觉中,书稿就这样完成了。

出版的那一天到来了。兴奋不已的同时我也很害怕,即便如此,我还是想知道人们会怎么看待它,于是查看了博客和图书网站的评论。

与此前的担心相反,这本书得到很多好评,尤其有很多评论说它容易阅读、平易近人。我对"简单轻松"的关注得到了回报。

我现在的首要任务是什么?

想得越多,就越发现自己想要拥有一切,尽管我知道自己不应该那么贪心,而是只专注于一个目标。兽医工作也是如此。

我的工作主要是治疗动物病患,要考虑的事情却不止这些。我必须让我的客户,也就是病患的监护人满意,把他们的需求牢记在心,同时也必须让其他员工满意。想得太多,原本定好的治疗工作也常常偏离方向。

这时我会重整旗鼓，告诉自己："患者是第一位的。"明确主次很重要，这样才能坚定不移地前进。担任教授期间我也发现了同样的道理。教授的工作分为研究、行政和教学，其中的细枝末节比你想象的要多。例如，在为学生设计研究课程时，我必须考虑实际中预算和工作量能不能应付，还要考虑学生是否会喜欢和感兴趣。课程要对学生的就业有帮助，要有合适的讲师，内容要能在规定时间内让学生消化，这些也很重要。

不知所措时，我必须问自己："我现在的首要任务是什么？"在学校工作时，我的首要任务是让学生毕业走向工作岗位时，能够运用好他们所学的知识。这听起来有点宏大，其实很简单。如果学生未来的上司能对他们说："你在学校学到了不少有用的东西，你来对地方了。"这样就行了。明确了这一点，无论发生什么变数，我都能保持正确的方向。

当我决定做一件事时，如果清楚自己的首要任务是什么，其他事情就会有序展开。不然，我就可能陷入只做自己觉得最轻松的事的陷阱，一次又一次。

每月一次,扔掉不令你感到兴奋的东西

我对感官刺激很敏感。

我喜欢安静、空旷并且闻起来很香的空间,但香气太多时又很快会厌倦。如果面前堆满东西,我就会觉得自己正待在一个嘈杂的地方。

在忙碌的生活中,我们总觉得休息不够。要留出时间放松一下并不容易。开了很多后台程序的手机只会不断耗电,如果生活中有太多刺激,我们也会不断失去能量。因此,减少不知不觉中不断消耗的能量就变得尤为重要。

比如,如果你的家里很乱,即使生了霉菌、出现蟑螂,你很可能也发现不了。但如果你把家整理得井井有条,那再小的问题出现也很容易注意到。

精神空间也是如此。

当心绪纷乱,脑袋里有很多嘈杂的声音时,你很容易忘记重要的事,有时甚至无法发现心里有一个洞,能量不知不觉地就从那里流出去了。

东西太多会让人精神疲惫。在一个杂乱无章的空间

里也是如此，不必要的东西太多了，光是站着不动就会消耗精力。与同龄女孩相比，我的包包和鞋子实在算是很少。

我只有一个通勤用的双肩背包、一个日常外出用的休闲背包、一个旅行用包。如果有很多包，把东西从一个包搬到另一个包也需要花费很多精力，还可能因为忘记重要的东西而面临尴尬。运动鞋、皮鞋、凉鞋和靴子我各有一双，哪双穿坏了，就扔掉买新的。此外，我选择的包和鞋子的款式都设计简单，可以用来搭配任何衣服。

这本书的理念是，用早上一分钟的小习惯改变一天，甚至整个生活的状态。但建立良好日常生活的最佳方法是将你要做的事情减少到最低限度，只保留真正重要的、让你兴奋的东西。

每个月，我都会挑出一些我并不真正需要的东西，一些不会让我兴奋的东西，捡起什么就扔掉什么。

我们被赋予的时间和资源并不那么多，如果你在做重要的事情之前，先把不重要的事情剔除掉，就会越来越清楚对你来说什么才是必需的，购买新物品时也会更加谨慎。

要记住，大多数时候，我们缺少的不是物品和服务，而是睡眠和运动。

>>>

第十七天
早上一分钟，试试这样做

第一步： 每个月一次，下定决心丢掉不再令你兴奋的东西。

第二步： 前一天晚上选好要丢的东西，放在门口。

第三步： 早上出门时扔掉它们，以此开始新的一天。

Day **17** 1 min

· 第十八天 ·

Day

18

专注于颂钵声

以为所有人都忽视自己

前面说了不少关于如何放松、如何感觉更幸福的方法，今天我想讲一个有点让人生气的故事。那是大学期间我在动物医院实习时遇见的一件事。

胃扩张-扭转综合征是一种常见的犬类疾病，主要发生在体重超过 20 千克的大型犬身上。特征是胃部快速膨胀，在肠系膜轴上发生 270 度～360 度的旋转。

有一天，一只斗牛犬因为出现了这种症状而被送到了我实习的宠物诊所。它需要进行紧急手术，但我们无法联系到它的监护人，因此决定先做基本的急救治疗，我的一位老师为它插管排气。然而，就在老师把管子塞进斗牛犬嘴里的那一刻，它用尽全身力气咬住了老师的手。在情况完全明朗之前，被咬伤了的老师反射性地踢了狗一脚。一切都发生在一瞬间，我们无法知道动物的所有想法，但斗牛犬在这种情况下咬人的原因是显而易见的。它的胃都要打结了，呼吸也很困难，在痛苦的情况下很容易以为老师要伤害它，于是拼命反抗。

幸亏当时有另一位老师介入，事件才得以化解。但那位被狗咬伤的老师事后还是继续咆哮了一阵，嘴里嘟囔着"狗怎么敢咬人""把人看成什么了""我们一定要教育那只狗，让它再也不敢了"之类的话。他把被狗咬当成一件非常丢脸的事。

通常情况下，即使在被咬的那一刻感到生气，后面也很快会想通，把它当作不可避免的意外。这位被咬的老师却并非如此。日常生活中他也常因为小事对同事和后辈发火，动不动就说："你是不是把我当傻子了？"在他看来，狗忽视自己，后辈、前辈忽视自己，连路人也在忽视自己。

你在向自己射第二支箭吗？

4年前，我第一次见我的禅修老师，当时他对我说的最难忘的一句话是："你之所以痛苦是因为你没有正确地看待事物，正确地看待就是幸福。"如果我们只是看见正在发生的一切而不去扭曲它，就容易感到痛苦。

然而，不扭曲地看待事物并不那么容易。我看过不少方法，尝试下来比较有用的是认知行为治疗和冥想。

认知行为治疗是现代心理治疗中流行的方法。简单地说，它是一种试图纠正扭曲的认知习惯的疗法。比如，狗咬了我是真的，手流血了、受伤了、感到疼痛也是事实。但那位老师眼中的"狗忽视了我"则是出于一种扭曲的认知习惯，有了这种认知习惯，即使对方没有忽视他，他也仍然会这么想。

遇到同一件事，有人会抱怨命运的不公，问为什么倒霉的总是自己。在佛教中，这被称为"第二支箭"。第一支箭是不可避免地发生在我们身上的事件，它当然会带来痛苦。但如果我们在痛苦中附加了一些不必要的观点，那就是第二支箭。我们是自愿中箭的。

第一支箭可能无法避免，第二支箭在一定程度上却可以躲开。一旦意识到自己为什么会养成这样的认知习惯，你就开始认识到，与其说"狗忽视了我"，不如说"我又感到被忽视了，这是我错误的认知习惯"，愤怒也会逐渐减少。

心理咨询师会帮助来访者分析他们为什么会养成这样的认知习惯，引导他们注意到第二支箭。当能够接受事件的本来面目，无论发生什么，都不向自己射第二支或第三支箭时，我们就能感受到这种疗法的作用。扭曲的看法越少，生活就会越轻松。

专注于感官，而不是想法

去心理咨询中心需要花上一些时间，费用也很高。如果担心这些，可以试试前面几天提到的冥想。它能帮你让嘈杂的心灵安静下来，这也是避开第二支箭的一种方法。当心灵安静下来时，你会更容易注意自己的思维习惯。

想想在图书馆学习的情景。如果周围环境嘈杂，你就会无法集中精力学习。同样，如果想要专注，就需要让所有的想法安静下来，尤其是那些不真实的、被我们扭曲的认知习惯放大了的想法。如果找一个安静的地方，静静地看着自己脑海中闪现的念头，只需几分钟，你就会意识到自己的大脑被多少不必要的事情占据，又有多少乱七八糟的想法在困扰着自己。要想让喋喋不休的思绪安静下来，不妨练习专注于一件事。重要的是，你的注意力应该放在视觉、听觉和触觉等身体感官上，而不是思想上。

今天我想推荐一下颂钵。上网搜索一下颂钵的视频，你会发现无数黄铜钵被敲得"叮叮当当"响的视频。颂钵是一种源自喜马拉雅山脉的古老疗愈工具，形状像一只碗，能够发出舒缓悦耳的声音，是冥想中常用的工具。

先试着播放一段你感兴趣的视频，怎么样？颂钵声能让你头脑清醒，集中注意力。它的声音本身没有任何意义，因此能让你专注于声音本身，而不会被杂念所迷惑。相比之下，有旋律的音乐或有歌词的歌曲可能会让人分心，因为你的思绪会被旋律的优美或歌词的内容吸引，随之而来的想法或观点也会浮现在脑海中，这会打断专注。另外，由于颂钵声反复响起，即使你一时分心，它也会把你带回冥想中，非常适合初学者使用。

试着把注意力集中在感官上，比如粗糙而沉重的声音、振动产生又渐渐消失的感觉。如果你觉得这个方式有效，可以试试自己使用颂钵。与录制出来的声音不同，颂钵的振动会直接传递给身体，产生更丰富的感官体验。

如果你听说过冥想，但出于某种原因似乎总是难以尝试，或者由于注意力不集中而遇到困难，何不以颂钵冥想开始一天的生活呢？

你不必长时间以不舒服的姿势坐着，只要早上一醒来就拿起一直放在床边的手机，搜索并播放颂钵音乐就能开始。

\>\>\>

第十八天
早上一分钟,试试这样做

第一步: 准备一首颂钵音乐。

第二步: 早上一起床就坐好,播放准备好的音乐。

第三步: 在一分钟的时间里,把所有的注意力都集中在颂钵的声音上。

Day **18** 1 min

· 第十九天 ·

Day

19

把重要的事放到想象的溪水中

努力是为了什么？

存够钱、过上无忧无虑的好日子可能是很多人的目标。为此，人们准备了非常具体的赚钱和存钱计划，对自己的投资组合了如指掌，知道目前从中央银行到储蓄银行的最佳利率，甚至进行"零支出"挑战。人们观看投资频道，阅读书籍，学习相关知识，但有多少人真正知道自己为什么想要钱？当被问及"你打算用钱做什么"或"赚够了钱以后打算做什么"时，答案往往含混不清。

大多数人都说他们想早点退休，这样就能有更多的时间与爱人在一起，一起旅行，过上没有工作压力的更轻松的生活。但事实是，他们现在没有时间。

效率再降低一点如何？

"畅活"这个词在韩国二三十岁的年轻人中很流行，意思是认真、尽兴地生活。在这本书中，我常常谈论的也是如何在"现在"而不是"以后"获得幸福。

为什么如此关注幸福？因为当我感到不开心时，我就会开始思考，如果我对生活满意，反而不会去想这么多了。但我其实过得很辛苦，所以一直努力寻找幸福。

像所有人一样，我试图从成就中寻找幸福。我想我必须完成一些事情，所以待办事项清单不断堆积，优先事项也随之堆积，不得不把时间安排得细化到每一分钟。每当没有取得令人满意的结果时，我就会自责不已。我服用各种营养补充剂，因为我知道，当我感觉不舒服时就无法提高工作效率。而当这么做了却仍然感觉不舒服时，我就会非常气馁。如果不能完成当天要做的所有事情，我会非常生气，感觉自己的身体和精神都不支持我。在如此紧凑的时间安排下，我终于崩溃，去看了心理医生。

"医生，我已经打不起精神了。我很生气，我的效率很低，我什么都做不到。你能为我做点什么吗？"医生用非常轻松的语气说："对不起，我做不到。试着让你的效率再降低一点如何？"

轻轻松开手

那么,如何才能现在就感到幸福,并且不为效率而烦恼呢?我的心得之一就是,放下那些我认为很重要的事,那些我认为我必须做的事,那些我认为如果不按计划做就会有麻烦的事。因为我发现,一件一件地放下,两件两件地放下,并不会毁掉我的生活。而且奇怪的是,我的生活反而更轻松了。

为什么我们觉得重要的东西变得越来越多了?原因显而易见。我们不能忍受没有某些东西,尤其是没有其他人拥有的东西。所以我们会努力做到最好,至少和其他人一样。这就是我们作为"努力上瘾者""成就上瘾者"的样子。

如果你发现所有时间都被学习和工作填满,一刻都停不下来的时候,就要反思自己是不是已经上瘾了。如果是这种情况,首先要认识到你的心里是不是有匮乏感。不要把注意力放在缺少的东西本身上,而是关注更深层的感受。当你问自己"为什么人们对我不感兴趣"时,你或许会意识到自己是那种希望得到关注的人。当你觉得别人似乎都比你过得好时，你或许会意识到自己习惯与他人比较。

一旦意识到这一点，就意味着你可以通过自己做出改变，轻轻放下这些想法了。这时重要的是要区分放下和压抑。例如，如果你想买某样东西，你就会想："我缺少这个东西。我不应该有这种感觉，我不应该买它！"这不是放下，而是压抑。如果你发现自己处于压抑的心理状态，花点时间去认识它。或许你应该意识到的是："哦，我是那种想要拥有更多的人，我是那种试图用物品来填补空虚的人。"

我说的"放下"是指逐渐松开你的手。如果你手里拿着一个重物，当它掉到地上时你会感觉非常轻松。这就是我们要的感觉，它和压抑是完全不同的。

我喜欢水，所以我会想象夏日的深山溪流，想象把认为重要的东西轻轻地丢进清凉湍急的溪水中。放下的东西会被溪水带走，流去很远的地方。仅凭这一点点想象力，就能让我轻松愉快地开始新的一天。

>>>

第十九天
早上一分钟，试试这样做

第一步： 想一件最近你认为很重要的事。

第二步： 不管这件事是什么，告诉自己它远没有你想象的那么重要。

第三步： 在脑海中想象一条溪流，看着流水把它带走。

Day 19　1 min

· 第二十天 ·

Day

20

问问自己为什么如此害怕

我心中的恐惧，连自己都不知道

每次搬新家，朋友就会忙着装饰自己的生活空间。我对这些事毫无兴趣，没有装饰也能过活，有纸巾等生活必需品就行，我只是用自己拥有的东西生活。

但即便是我，每天早上也有喝一杯咖啡的习惯。问题是我搬去的地方没有电热水壶，所以每天早上都要用锅烧水煮咖啡。锅太大了，倒热水很不方便，所以我每天都要用勺子舀热水到杯子里。有一天一个朋友来我的公寓做客，我想我应该给他煮一杯咖啡，于是像往常一样烧了一锅水。朋友来厨房问："你是要吃东西吗？"他看到我把锅里的水舀进杯子，感到非常惊恐。"拜托，一个电热水壶才多少钱？别这样，你赚了那么多钱！"

当时我在心里默默想，我不是不买东西，只是不喜欢买东西。随后当我向一位专业人士咨询时，我试图从根本上搞清楚自己为什么不愿意买东西的问题。我惊讶地发现，在内心深处，我对花钱这种行为感到不舒服。而在这种不舒服的外壳里，蕴藏着恐惧的内核。没错，我害怕花钱，害怕钱越来越少。

直面恐惧，事情会变化

我妈妈总把"我们没钱"挂在嘴边，这可能是因为她真的没有钱，但更多是一种习惯性的抱怨。记得在我很小的时候，我们家非常穷。我心里有些恨妈妈，恨她总是抱怨没钱并责怪家人。有时候我也恨自己，恨自己和她一样不舍得花钱，恨自己没有能力花钱。

有时，我会把怒气发泄在错误的事情上，比如花很多钱买一些一年到头都用不上的东西，或者在一些我通常不会做的事情上大肆挥霍。清醒过来时，我会变得很沮丧，为自己的浪费行为而自责。

自从在咨询中意识到自己有金钱恐惧症后，我就开始经常审视这种恐惧。每次花钱时我都会对心中的不愉快感到警惕，甚至在信用卡上写下了"Sati"的字样。这是一个佛教术语，意为"正念"，指的是静下心来审视自己的思想和心灵。这就像是我对自己的承诺，每次花钱时，我都会看看自己心里在想什么。

如今，我花的钱仍然比挣的少，拥有的物品也比大多数人少，即使买了东西，也会保留得更久。我不介意穿昨天穿过的衣服，也不介意背旧包，只是不像以前那样为花真正需要花的钱而感到难过了。过去，有时我在应该花的钱上忍了很久，最后还是忍不住，有时花了钱的事实又让我觉得很焦虑。现在我不再浪费这种情绪能量，感觉也安心多了。正视恐惧让我有了这种转变。

一切的根源在于渴望被爱

现代社会中，花钱是一件很平常的事情，每时每刻都在发生。如果每次花钱都感到一丝不适，你就不能说自己是一个生活舒适的人、一个快乐的人。在这种情况下，你能送给自己的礼物就是消除这种不舒服的感觉。就像冷了多穿点衣服、疼了就去看医生一样，弄清为什么做某事会感到不舒服，是让自己快乐起来的第一步。

花点时间列出害怕的事是一个很好的方法。以我为例，我害怕不能按时完成手稿，害怕我的书得到差评。我想吃夜宵，但又怕发胖。我害怕下节课内容很难，学生们会觉得无聊。我害怕要求出租车司机更改目的地，司机却没有给我答复，这样我就会想，他是心情不好吗？下雨了，我被堵在路上，我也害怕错过预约的理发时间。

这些就是我害怕的事情。我为什么会害怕这些事？思考这些的时候，我会再多问自己一点问题。比如，我为什么害怕差评？我为什么要写这本书？我希望读过这本书的人能从中得到什么并改变什么？决定写这本书时我的心情是什么？有人给差评，也会有人喜欢它吗？我会因为不想听到差评而停止写这本书吗？

我试着尽可能实事求是地回答这些问题。答案不一定是"别想多了，人们都会喜欢我的书"这种肯定的回答，也不一定是"我不在乎是否会得到差评"这种自欺欺人的说法。我需要的是一种探索精神，找出我为什么会感到恐惧，以及这种感受的起因。如果陷入情绪，很难给出一个中立的答案，那就暂时搁置它，或者干脆完全停止思考这个问题。

但是当我重复这样的问答时，有趣的事发生了。虽然我的担心并没有像魔法一样消失，但我意识到自己所有的担忧和恐惧都来自同一个根源，那就是"不想被人讨厌"。即使是完全不同类型的问题，最终的根源也是

"不想被讨厌""想要得到认可和喜爱"。

当我在宠物诊所与病患和监护人打交道时，当我在学校与学生和同事交谈时，当我与朋友和恋人交往时，情况都是如此。你也可以试试。如果有什么事情困扰着你，或者你过于努力去做什么事情的时候，仔细观察一下，就会发现内心深处有一个幽暗的部分藏着一个想法，那就是"我不想被讨厌"。

事实上，当我们终于了解自己内心的真实情况后，恐惧感会大大降低。真正的积极并不是压制消极情绪，强迫自己去想积极的事情，而是承认消极的部分，这样才能安顿自己的心。

今天，请列出你最害怕的事，然后在早上醒来时告诉自己："啊，你也想得到认可。今天我仍会爱你。"

第二十天
早上一分钟，试试这样做

第一步： 前一天想想自己最害怕什么。

第二步： 不断问自己为什么会如此害怕。

第三步： 早上一起床就告诉自己："没关系，今天我仍会爱你。"

Day **20** 1 min

· 第二十一天 ·

Day

21

在口袋里装一个笑话

人是最可怕的

我是名兽医，每天要接待二三十个动物病患。病患总是和它们的监护人一起来，也就是说我每天要见20多个人。与任何需要与人打交道的工作一样，我在宠物诊所会遇到各种不同寻常的人：在你面前尖叫的人、醉得几乎听不懂你说话的人，还有一些哭个不停的人。

我曾经遇到过一位监护人，因为宠物对她来说太珍贵了，所以即使它的下巴上只是长了几个痘痘，她还是坚持要让它住院。我满足了她的愿望，然而在宠物住院期间，她把车停在附近，一直在车窗里盯着诊所，还时不时打电话过来。如果我因为照顾其他病患而没有马上接听电话，她就会威胁我说："我正在监视你，我知道现在没多少病患。你为什么不接电话？我要去查监控。我是报社记者，你要小心。"

有时你只是在心里说一句"这人真奇怪"，然后就算了，但也有无法这么做的时候。几年前，在给一只宠物做过简单的诊疗后，它的监护人执意要在我们的网站上留下毫无根据的恶意评论。在宠物诊所工作时，这种情况并不少见，但当时更让我痛苦的是院长的处理方式。院长说："如果我是你，我会去那位监护人家里跪求一整天，请她删除评论。"

整整一天，每个同事都一脸严肃，唉声叹气。我给对方家里打电话，说自己做错了，恳求他们撤下评论。后来我甚至用私人手机给他们打电话，因为他们屏蔽了诊所的号码，而出于院长的命令，我必须不择手段地把恶评撤下来。院长每天都要查看网站三四次，催我加快处理速度。一波三折之后，对方最终同意删除恶评。最后一次与监护人谈话时，对方告诉我"不要这样无耻地生活"，而我也只能说"对不起"。当时我很无助，感觉从前骄傲、潇洒的生活坍塌了。崩溃之下，我离开了那家诊所，甚至因为太过焦虑，不得不吃了一段时间的镇静药物。

痛苦之中幽默的力量

事实上，我是因为害怕人才逃跑的。之后我休息了一段时间，又在另一家宠物诊所找到了工作。那是一家

24小时营业的诊所，我有时要工作到很晚，也因此遇到了更多奇怪的人。但与此前不同的是，这家诊所有一种奇怪的文化，一种同事之间互相调侃的文化。

有一天，一位猫主人打电话给我，说她的猫因为排便障碍痛苦不堪，希望我能给它灌肠。我回答说，如果治疗时需要，我很乐意给它灌肠。不知为什么她突然开始对我大喊大叫，大意是："你是兽医吗？灌肠是我的主意，如果你是专家，应该想出更有创意的方案，而不是重复我说的话！"

接着她又咆哮了一阵，第二天早上甚至打电话过来查我的学历，恶评当然也是免不了的。无论有没有过经历，被人辱骂都是无法习以为常的事情。但这一次，我的同事却做出不同的反应。

其中一位听了我的经历后笑着说："柳老师，你应该赶快想一个有创意的方案，做些什么，不然院长要抢先出手了。"我也跟着笑了，说："是啊，看来我还不够格，想不出有创意的办法。"当时在场的人都笑了，之后还拍着我的背，安慰我说辛苦了。这让我发现，很多困难的事只要一笑置之就没什么大不了的，更何况我还在玩笑背后感受到了同事的关爱和安慰。

在这家医院工作期间，我依然需要面对恶意投诉和客人的刁难，只是不会纠结太久，很快就能释怀。俗话说"一个没有幽默感的人就像一辆没有弹簧的马车"，是幽默的缓冲让我坚持了下来。

以这件事为契机，我也学会了开玩笑。这并不意味着在任何情况下都可以讲笑话，我们也需要换位思考。如果有一个笑话逗笑了大多数人，有一个人却笑不出来，那它就不是一个健康的笑话。讲笑话时，需要尊重房间里的每一个人。

好了，现在开始我们的例行活动。今天上班时不妨想一个轻松愉快的笑话，可以讲给同事或其他人听。当然，你可能会把笑话讲给人听，也可能不会，但只要口袋里装了一个笑话，就能让你一整天都充满期待。

>>>

第二十一天
早上一分钟，试试这样做

第一步： 想想你可以和身边哪些人开玩笑。

第二步： 想出一个对方听了会笑的笑话。

第三步： 把笑话揣进口袋，找到合适的机会讲出来。（如果没有机会，就自己享受它。）

Day 21 1 min

· 第二十二天 ·

Day

22

笑到眼角起皱

微笑真的会带来好运吗？

最近我通过朋友介绍认识了一个姐姐。有一次大家一起吃饭，她提到自己正在学习中国的著名图书《周易》，还帮我看了生辰八字。

我并不完全相信算命，但越听就越入迷，忍不住问东问西，甚至问："我应该找一个什么样的男人？"通常，算命的人会告诉你找一个鼠年出生的男人之类，这位姐姐却给出一个让我意想不到的建议："这与生辰八字无关，你需要找一个能够经常让你发笑的男人。如果你经常笑，运气自然就会变好，所以经常让你发笑的男人才是改善你运气、让你变得幸福的男人。"

经常微笑真的会让人幸运吗？美国的一项研究分析了一些人的大学集体照片，发现那些在学生时代的照片上带有"杜乡的微笑"（一种眼睛附近会皱起鱼尾纹的微笑）的人可能更开朗、更善于交际，婚姻也更容易幸福。这种细微的表情很难用意志控制，所以这种时候你的笑是真实的，快乐也是发自内心的。相比之下，笑的时候只动用嘴角的肌肉只是一种礼貌的假笑。

如果想控制情绪，动用你的身体

现在，刻意微笑能让人快乐的说法已经很常见了。演员在学习表演时也经常使用这种通过身体影响心理的方法。

这让我想到自己第一次上表演课的时候。我原本是一个冷静、沉稳的人，当时却需要扮演一个活泼开朗的角色。无论我怎么尽力让肢体语言变得夸张都感觉很尴尬，看起来像一个假装大胆的胆小鬼。看到这样的情况，我的老师让我在表演之前先做 30 次跳箱子运动，也就是重复在木箱上跳上跳下。当身体活动开、呼吸变得更急促时，我在不知不觉中就变得更有活力、更大胆，也更开朗了。

那么，如何表现"我是无辜的，却被诬陷为罪魁祸首"的状态呢？这时老师会找另外两个演员帮助我进入情绪。她让两个演员抓住我两边的胳膊，试图阻止我前进，无论我怎么努力往前走都不会成功。当身体被束缚到动弹不得，人自然会感受到被诬陷的沮丧心情。

类似的例子还有"鞠躬"。鞠躬是将身体放低的行为，这意味着要有谦卑的心态，放下"我很好""我不应该被看不起""我应该拥有更多"的想法。当想要学习谦卑却效果不佳时，你先把身体放低。身体放低，心自然也就放低了。

练习微笑

心情不好时，我们会试着调节自己的情绪，但这并不容易。你是否曾经静静地坐着，想着"让我试着用积极的方式思考"或"让我把这件事忘掉"？无论你如何试图用意念控制自己，都很难成功。

但是，你也可能有过这样的经历。当你带一个相处很好的朋友去一个你喜欢的地方或者锻炼身体时，心情就会变得更好。如果你想改善情绪，从身体开始会更有效。强颜欢笑也是一样的道理。

这就是为什么我今天建议练习刻意微笑。当独自一人时，你可以试着微笑，并把它变成一种习惯。当然，在没有任何动机的情况下，你很难一直保持微笑，所以最好是在一个特定的地方做这个练习，或者把它放在某个固定的日常活动后。这不仅能培养刻意微笑的习惯，也能培养其他习惯。

当一个人开车时，尤其是在上班路上，我都会在车里微笑。这是一个适合练习的好地方，因为没有其他人能看见。如果在地铁或其他公共场合这样做，可能就有点儿奇怪。当堵在路上感到紧张时，或者开车感到无聊时，我都会练习微笑。这个练习的另一个好处是能让你的表情看起来很自然，也能让你在拍照时笑得更好看。

微笑能减轻痛苦。如果你正在运动，露出了很难受的表情，你的教练通常会告诉你："表情放松一点，给我一个微笑。"因为皱着眉头会让人感觉更难受。

你可能会觉得只有感觉轻松惬意时才有可能微笑，但恰恰相反，先微笑就能让局面变得更轻松。会笑的人也能对所有其他刺激做出更生动的反应。

孩子们就更会哭，也更会笑。他们认为每一个刺激都是新鲜的，也比成年人更自由，不会受到不该笑或不该哭的社会压力。

练习降低你的笑点吧。如果你能在没事的时候大笑，就能更轻松地对小事发笑。

找到你的微笑按钮

说到这里,有些人可能会问:"当想笑也笑不出来的时候,我要怎么办?"

我会建议这些人找到属于自己的"微笑按钮"。

每个人都有一个微笑按钮。有时,当看到特定的故事、照片或视频时,你会突然大笑,这种引起笑声的媒介就是"微笑按钮"。

我也有一个微笑按钮,那就是大学时代朋友在集体照上闭眼的出丑照片。情绪低落时朋友会把这张照片拿给我看,自己却尴尬地不敢看。

也有一些时候,别人的笑声就是我的微笑按钮,因为笑是会传染的。

你也会更喜欢微笑的人,而不是每天愁眉苦脸的人吧。对我们微笑的人,我们也想给他回报。父母的笑脸是对孩子的奖励,孩子的笑脸也是对父母的奖励,就连小狗也能认出并喜欢主人的笑脸。甚至有人说,动物会模仿人类的笑。我有个朋友信誓旦旦地告诉我他的相亲技巧,他的理论是:如果他能让一个人对他说的话笑3次,对方就会被他吸引。

所以,今天我想让你找到你的微笑按钮。多按按它,你可能会发现自己的一天和不笑的时候截然不同。

第二十二天

早上一分钟,试试这样做

第一步: 找到你的微笑按钮并贴在镜子上。

第二步: 早上起床洗漱之前,看着微笑按钮。

第三步: 笑到眼角起皱再开始洗漱。

Day 22 1 min

· 第二十三天 ·

Day

23

放飞想象中的气球

呼吸声太大都是错的

我对别人的评价很敏感。在宠物诊所工作时除了治疗我还要考虑很多事,尤其是病患监护人的意见。为了避免被埋怨,我工作得很努力,还会向监护人鞠躬问候。即便如此,还是会有得不到信任甚至被投诉的情况出现。

很长一段时间,即使在下班后我也经常想病患的监护人是不是在说我的坏话。这些想法在脑海中挥之不去,监护人的身影甚至经常出现在夜晚的梦里。我天性敏感,思虑过重,容易担忧。第一年工作的时候,在前辈的不断责骂之下,我甚至焦虑到觉得呼吸声太大都是错的,经历了恐慌症发作。

遇到状况,很多人会选择压抑情绪。我也会这样做——下班后打开嘈杂的娱乐节目,尽可能忘记今天发生的艰难的事;或者早早睡去,把自己的负面情绪扔进深海,再也不回头。

但如果一直通过这样那样的方式逃避,最终还是会出现问题。那些被我们忽略的情绪并没有消失,而是困在了脑海中的某个角落。之后再有类似事件发生时，压抑的情绪就会更凶猛地反扑。

写情绪日记

有一次，我在医疗过程中严重割伤了手，流了很多血。情急之下，我没做其他处理，只是立即用纱布紧紧裹住伤口。因为害怕看到伤口有多严重，也因为怕痛，我不敢揭开纱布，就那么包扎了一段时间。

试想，这种情况下如果伤口再次裂开，或者受到感染，会发生什么呢？伤口是会溃烂的。即使疼痛也要清洁伤口，看看发生了什么，给它消毒上药。每天重复这个过程，伤口才会愈合。负面情绪也是如此。假装看不见它们并不会让你过上快乐的生活。给情绪贴上"好"和"坏"的标签，试图只感受"好"的情绪，你最终可能受害更重。

那我们应该怎么做？首先要像观察伤口一样观察自己的负面情绪，仔细看看发生了什么，自己心中起了什么样的涟漪，承认并接纳这些情绪的存在。然后要做的事情是"输出"。当向外表达自己的情绪时，你才能更清晰地看清它的实质。就我而言，我会在一个名为Notion 的 App 中写情绪日记。下面是一个例子。

1. 朋友建议我找出每天烦恼不断的原因，那时我突然意识到自己有这样的想法：我坚信自己是个怪人，遇到一个爱我本来面目的人，简直就是奇迹。这个想法深深扎根在我的潜意识里，主宰着我的生活。

2. 我一整天都感觉沮丧乏力，是时候去运动一下了。我很高兴自己能打起精神去健身房。我擦了擦眼泪，吃了点东西，因为不想太虚弱而无法运动。我迟到了两分钟，感觉糟透了。但当开始运动之后，我感觉又好了起来。

今天是我第一次学习高位抓举，也就是把杠铃举起来的同时让它保持在较高的位置。我可以做负重和高举，但当我尝试同时做这两个动作的时候就很别扭了。只能进行最轻量的练习让我感觉沮丧，但这总比因为太过努力而受伤要好。我想我应该集中精力学习正确的轻量动作并注意细节。训练结束后，教练告诉我:"这是你第一次练习高位抓举,感觉别扭很正常。其他人能做好是因为他们练习很久了。你已经很棒了。"我不喜欢与别人比较,也不喜欢与别人不同,尤其是比别人更糟糕。不论如何,教练的话还是让我感觉好了些。最后我又做了10分钟泡沫轴拉伸,然后离开了健身房。

记下自己的感受,按照事件发生的顺序给它们编号。如果坚持这样做,你就会发现一个有趣的现象:每天,你都会在同样的事件中反复感受到同样的负面情绪;每天都有新的事件发生,在某些新的事件里,你还是会感受到同样的负面情绪。

还记得中学时学过的函数吗?如果你把一个特定的 x 值代入函数方程,比如 y=2x,就会得到一个 y 值。我们的大脑有自己的函数方程。这意味着我们看到的并不是事物的本来面目,而是大脑中函数方程导出的解释。当我写情绪日记时,我会尝试辨认自己大脑中的函数方程。这么做的好处是如果接下来再发生类似的事,我就能泰然处之了。

所以，下次当有负面情绪时，你可以把它当作一个机会，找出自己的函数方程。

同理，表达，放手

好了，让我们来回顾一下。

首先，当负面情绪出现时，不要置之不理。你可以说："因为这个，我感到很孤独。""因为这个，我感到很愤怒。"要肯定自己的感受。即便在别人看来是很小的事情，对你来说也可能是很严重的。你可以生气，没有问题。

其次，用语言表达你的感受。无论是像我一样写情绪日记，还是向能理解你感受的人倾诉都可以。尽量用准确的词语来描述你的感受，比如"我感到悲伤""我感到无依无靠""我对自己很生气"，而不是"我心情不好"或"我很烦"这样含混不清的表述。一开始，你可能很难找到合适的词语来描述自己的感受，也不想探究自己黑暗的内心世界。但我还是建议你坚持每次用一两句话说出自己的感受，重要的是，无论有什么感受，都不要因为它的出现而责备自己。不必想"我为什么要为这么小的事情生气",接受就是了,情绪没有对错之分。

最后,一旦你充分反思并用语言表达了自己的感受,就是时候放手了。正如我之前提到的,放手不等于压抑,而是倾听和承认之后的释放。

今天,把你内心的负面情绪绑在一只氢气球上,让它们飞走,以此开始新的一天。当然,你可能会发现这并不能释放你所有的情绪,如果是这样,你可以再次重复上面提到的 3 个步骤。

>>>

第二十三天
早上一分钟，试试这样做

第一步： 前一天晚上回想你今天经历的最糟糕的情绪。

第二步： 写情绪日记，充分表达自己为什么感觉不好，给自己同理心。

第三步： 第二天早上一醒来就把这种情绪挂在想象中的气球上，让它飞出窗外。

Day 23 1 min

· 第二十四天 ·

Day

24

说 5 次 "____，我相信你"

不稳定的路

关于稳定的路和不稳定的路两者，我一直会选择后者。父母不理解我为什么要走现在这条又累又危险的路，我也多次听到人们担心地说："你的性格很奇怪，你这样生活，父母一定很担心。"

即便如此，我还是选择了一条少数人走的路，拒绝了更稳定、可以赚更多钱的工作，尽量减少工作时间，用更充足的时间写作、表演和创作视频内容。

我的熟人经常会说我很酷，对自己很有把握，敢于追求自己喜欢的东西。事实上，听到这些话时，我总是有点儿害怕。因为我所有的选择都不是来自坚定不移的自信，即使在我辞去有保障的终身教职之后，也曾在无数个夜晚怀疑自己日后是否会后悔。我清楚地记得自己递交辞呈的那一天。那是在寒假快结束的时候，我决定去做自己想做的事，所以即便院长和系主任多次挽留也没有改变想法。

表面上看很坚决，我的心里其实还是很焦虑的，担心如果将来后悔怎么办。校园里新的学期就要开始，春天也近在眼前，我却仿佛身处不知什么时候才能结束的寒冬，一切都悬而未决。

你不安，因为你是人类

最近我去看了金焕基的展览。金焕基是韩国著名的抽象派画家，他的作品在韩国艺术品拍卖中曾经创下过单件很高的成交价。但金焕基在创作最活跃的时期却入不敷出，生活艰难。据说移居纽约后，他为了维持生计从事过多种工作，包括为报纸绘画，同时继续自己的艺术事业。

展览上除了金焕基的作品，还展出了他的日记，其中有这样一段："我将自己投身于春日的报纸绘画创作中。我唯一拥有的就是'自己'。我挣扎了很久，现在，这个'自己'站直了。心无旁骛地继续工作吧。这是唯一的路。从这一刻起，迷茫消失了，我充满了希望。"

即使在生活拮据、前路茫茫，甚至不知道自己还能坚持多久的时候，这位艺术家仍然选择了相信自己。而从他决定相信自己、坚定道路的那一刻起，所有疑虑都消失了，只剩下希望。有着这般信念的金焕基，最终也成为韩国最重要的抽象派画家之一。

读他的日记时，我感到莫名的安慰。将自己的感受与一位伟大画家相提并论似乎有些愚蠢，但想到即使是金焕基这样的人几十年来也一直在不安中动摇，努力坚定自己的内心，就好像有人告诉我"你的不安再正常不过了"。这使我松了一口气。

成为自己生活中的英雄

我不是一个天生自信的人。相反，我焦虑、敏感、追求完美、恐惧失败。我害怕没有正确答案，没有把握的不确定性：即使按照教科书上的方法诊断和治疗也不能保证痊愈的病患；无论多么努力也不能保证成功的表演；不知道能否帮助读者，甚至不知道是否有读者的写作……但我知道，即使焦虑得发抖，即使真的失败了，这些事也能让我成长。

世界上的一切都在不断变化。即使是我们曾经认为最正确的价值观，未来也可能会过时。在韩国，公务员一度被奉为最稳定的工作之一，录取率低至数百分之一。但在某个时刻，它的受欢迎程度开始逐渐下降，很多人跳槽去了其他行业。生活中，你可能会和一秒钟都不想分开的恋人分手，你信任的优质股票可能会忽然下跌，你为之奋斗数十年的公司也有可能倒闭。在这样一个动荡不安的环境中，你当然需要一个常量。

当对任何事情都怀疑时，你为什么不选择相信自己呢？有一个人会永远陪在你身边，和你一起感受所有的高潮和低谷，那个人就是你自己。这并不是说你应该忽视周围人的建议，只做自己的事。这只是为了确保你不会因为习惯而将人生中的重要决定委托给他人。

是走别人走过的稳定之路，还是自己选择的不稳定之路？

如果你选择了前者，但却失败或者不快乐了，那么你可能会在余生中埋怨他人，变成"受害者"。如果你选择了后者，即便失败了，你也能承担责任，成为自己生活中的英雄。

"_____（你自己的名字），我相信你！"今天，用这句能给自己力量的神奇话语开始新的一天吧。注意，重复说这句话的力量比你想象的还要大。

第二十四天
早上一分钟，试试这样做

第一步： 早上起床，想想最近感到不安的事。

第二步： 拍着胸脯，说 5 遍"_____，我相信你"。

第三步： 带着坚定的心情开始新的一天。

Day **24** 1 min

· 第二十五天 ·

Day

25

去臂跑

能量停滞了

担任教授的日子里我一直很忙,经常不得不放弃周末休息时间。尤其是第二学期,除了中秋节的两天假期,4个月里我每天都在上班。在《下班后开始新的一天》中,我强调了充分利用晚上时间的重要性。但那些天,下班后我只能看一眼手机,然后继续在家里加班,晚餐也无法悠闲地吃,更别说坚持做想做的事了。我为自己无法言行一致而叹息。

我在谋生和自己想做的事情之间徘徊,在追求个人幸福的愿望和作为教育工作者的责任之间纠结。

当我整天待在小小的教研室里处理文件,与显示器、书籍和论文打交道时,常常觉得自己有点儿疯了,脑子一片空白。有课的日子里至少还能通过与学生交流而获得能量,不上课的时候我的压力就堆积如山。拥有私人办公室固然很好,但整天埋头工作而不与人交谈会让我感觉沉闷,能量好像没有循环,只是停滞了下来。

为一天奠定胜利的基调

当我因紧张的日程安排和孤立的工作环境而感到窒息时，运动成了我的救星。一天晚上，我改变日程去做了一个小时的高强度力量训练，并在健身房注册了会员。坐了一整天之后，这样的运动让我气喘吁吁、大汗淋漓，人也感觉神清气爽。力量训练之后，我喜欢在窗前的跑步机上跑步，那里可以看到傍晚的美景。如果没时间去健身房，我就会去学校操场跑步，或者去学校后面爬一小段山。

就这样，我养成了运动的习惯，不知从什么时候起也开始爱上了晨练。早上醒来时头脑有些迷糊，但身体已经休息好了，正是释放能量的好时机。一日之计在于晨，早晨通过锻炼获得一点成就感之后，就能为一整天奠定胜利的基调。

刚开始晨泳时，下班后我会病恹恹地打瞌睡。但一个多月后，我的身体就开始感受到了运动带来的活力。不去锻炼的日子里则会感觉更累、更僵硬，现在的我已经无法想象没有运动的生活。如果你认为自己不适合运动,我鼓励你多尝试不同的运动方式,游泳、普拉提、负重训练或舞蹈,总能找到适合自己的一种。一旦找到了适合自己的运动,你就会发现自己逐渐变成了"运动友好型人格"。

生命的重量不算什么

运动的益处不必多言,最近医学界更是认识到运动对治疗抑郁症也有疗效。稍微出汗的运动能促进多巴胺和血清素的稳定释放,因此有研究建议将运动作为轻度和中度抑郁症的主要治疗方法,还有研究建议将运动作为中度和重度抑郁症的二级辅助治疗。

此外,最近的一些研究表明,成年个体的大脑中仍会形成新的神经元,这种现象被称为"成人神经发生"。而运动就是一种促进神经发生的方式。

在韩国网络漫画《金达莱女子健身房》中,主人公是一个运动新手,在遇到私人运动教练后生活发生了转变。其中有一句台词我很喜欢:"如果你能在健身房里很好地举重,生活的重量就不算什么了。"我也有过随着坚持运动，沉重的心逐渐变轻松的经历，因此这句话更是触动了我的心。越是专注于自己的身体，流汗越多，我的心就越轻，我就越觉得自己充满活力。

运动当然解决不了生活中的实际问题，它不能帮你付这个月的房租，也不能让你写出明天要交的报告。但是，当通过放松和阅读不足以让你克服生活中遇到的压力和困难时，运动是一个很好的方法。身体和头脑是一枚硬币的两面，锻炼身体也能让我们的头脑得到锻炼。

因此今天我想分享一个从运动开始的晨间习惯，那就是臂跑。臂跑是一种主要通过手臂和上半身的动作模拟跑步的运动形式，早上一起床就能在家做，也不会发出噪声，推荐你试一试。

第二十五天

早上一分钟，试试这样做

第一步： 一醒来就简单地做一些伸展运动。

第二步： 脑袋里什么都不想，臀跑一分钟。

第三步： 如果一分钟不够，试着做到气喘吁吁再停；如果还觉得不够，下次尝试出门晨跑半小时。

Day **25** 1 min

· 第二十六天 ·

Day

26

为自己拍手叫好

对自己的苛责

在过去的 5 年里,我一直在制作与个人成长和时间管理相关的视频,即便本职工作很忙也没有停止创作。我的 YouTube 频道收到很多订阅者的评论,大家说得最多的就是:"我也想像你一样努力,但下班回到家我什么也不想做,只能刷刷手机就睡了。"对此我总是回复:"不要放弃。当决定有所改变并开始第一步的时候,你就已经很棒了。"我对订阅者很宽容,对自己却很苛刻。如果当天该做的事情没做完就会自责,即便完成了所有事项,我也常常觉得如果更专注一点原本还能做得更多。除了本职工作之外我还做了很多副业,如果今天没有比昨天做得更好,我同样会觉得难过。即便没有过度消费,我也会在买了东西或者吃了一顿昂贵的饭之后,因为花钱太多而自责。

做对自己和别人都宽容的人

我们经常把人分成"对别人苛刻、对自己宽容的人"和"对别人宽容、对自己苛刻的人",但严格来说,没有人能在对别人苛刻的同时对自己宽容。

对别人苛刻意味着自己有某种严格的评价标准,比如:瘦是好的,胖是坏的;勤劳是好的,懒惰是坏的。心里一旦有了这些标准,很难不应用到别人身上。心里装着这种标准的人之所以对自己宽容,是因为他知道自己很难按照这个标准行事,刻意把这个标准在意识中抹去了。

即便如此,这样的人在潜意识里也会处于紧张的状态,因为他在欺骗自己。相反的情况下也一样。一个对自己苛刻的人难免会用同样的标准去要求别人,即使表面上没有表现出来,内心也不可避免。

然而,过于僵化的评判标准会使我们无法灵活变通。如果我们对他人的标准过于严格,人际关系就会出现问题;如果我们对自己的标准过于苛刻,就会发现我们甚至对自己做得好的事也心存不满。

因此,有时我们需要稍微放松内心的标准。只有那些对他人和自己都宽容的人才是真正宽容的人,才能始终心平气和。

如果这对我来说很难，那就是很难

你有没有曾经因为别人一句简单的话而感到很大的安慰？这里我想讲一个我经历过的故事。

有一天，我就职的宠物医院的副院长问我为什么辞掉了之前的工作，是不是因为太辛苦了。我有点惊慌，支支吾吾地说："客观来说也没那么辛苦，毕竟别人都在做同样的事。可能只有我觉得特别辛苦吧。"这时他说："别人辛不辛苦有什么关系？如果你觉得辛苦，那就是辛苦。"

听到这话时我的心都融化了，因为之前我一直无法这么对自己说。上一份工作中发生的一些事对我来说真的很艰难，但我一直在否认。我想如果连这种程度的困难都不能克服，我会在竞争激烈的社会中失败。

每个人每天大概都要经历各种考验，这是很平常的。然而，平常并不意味着我们能不费吹灰之力就把这些事做好。很多时候，我们只是因为每天都要面对这些而习以为常。当我还是个孩子的时候，我梦想着成为一个了不起的大人、一个与众不同的人。长大后我才意识到，做一个普通人就已经很不容易了。

　　日常生活看起来如此自然，以至于让我们忘记了它的来之不易。因此，今天不妨花点时间想想自己每天都在做的事，比如：工作，上学，保持体重的稳定，抚养孩子或照顾宠物，赚钱和储蓄，保持家里的整洁，让自己吃饱睡好，等等。

　　仔细想想，你今天还做了哪些看似理所当然的事情？想着这些，为自己能这样生活拍手叫好。

第二十六天
早上一分钟，试试这样做

第一步： 醒来之后，想想你一直在做的事。

第二步： 为这些事赞美自己，告诉自己你做得很好。

第三步： 带着骄傲的心情开始新的一天。

Day **26** 1 min

· 第二十七天 ·

Day

27

对比一年前的自己

经过一段时间，任何人都能做好的事

对于刚入行的兽医来说，寻找动物静脉可能是第一年工作中最大的挑战。无论是抽血化验还是输液都必须先找到静脉，对于兽医外科医生来说，静脉穿刺（将空心细针插入体内抽取血液）是最基本、最重要的技能。新人自然希望尽快熟练掌握静脉注射技术，甚至想去以提供静脉注射机会而闻名的宠物诊所实习。但是到了入行的第二年，他们就会意识到这样做不值得，因为这是经过一段时间之后任何人都能做好的事。对我来说，找到静脉是所有工作中最轻松的。根据有限的化验结果做出准确诊断，在控制药物副作用的同时达到预期治疗效果，安抚宠物主人让他们放心，做到这些都很困难，但将针头扎进静脉血管真的很容易。

为什么这么容易？因为我每天都在做这件事。不需要旁人提示，不需要观看视频教程，只要每天实践就能变得擅长。在这种情况下，我甚至不知道自己为什么擅长，也没什么技巧好传授给新人。当看到同行在某些方面很擅长自己却做不到时，新人会感到沮丧，这也很自然。但就像很少有人学不会骑自行车一样，随着时间的推移，相信任何人都能骑得很好。

当然，与寻找静脉不同，有些事需要在有限的时间内完成，比如某项考试或有截止日期的工作。但是想想看，我们在日常生活中设定的大部分目标都与考试相去甚远，是只要每天坚持就能像寻找静脉一样变得习惯且擅长的事。

为什么你会很快放弃

我们的大脑习惯竞争，习惯把一切都看成一种挑战。我们根深蒂固地认为，要想在这个社会生存下去，就必须比别人做得更快、更好。

想想看，你希望做好的事有很多，为什么这么快就放弃了呢？是因为没有毅力，没有动力，还是因为想尽快看到结果，在与他人的比较之下感到心灰意冷呢？就拿减肥来说吧。减肥失败的原因有很多，比如忙到没时间锻炼，有压力时暴饮暴食的习惯，对含糖饮料上瘾，等等。

通常情况下，不断尝试减肥又不断失败的最主要原因其实是想在最短的时间内减掉尽可能多的重量。社交媒体上充斥着各种速效减肥法，比如某个人在一周之内减掉4千克的故事。看到这些你不禁会想："如果那个人在一周内减掉了4千克，我也要咬紧牙关努力做到。"要想做到这一点，你必须三餐都保持低于正常水平的热量摄入，而且每天都要坚持锻炼。这当然是无法长期坚持的，所以你往往会在达到目标之前就败下阵来。如果这个时候你还把别人的成功故事作为标准，就会陷入失败的恶性循环。

那该怎么办呢？事实上，这个问题没有正确答案，重要的是不与他人比较，一点一点找到适合自己的目标。就像一个新人兽医，无论他有没有天分，都能成为静脉注射好手一样，即便是运动能力再差的人，也可以通过每天30分钟的慢跑来增加肺活量。在这种情况下，"参加马拉松比赛并获得名次"的目标是不合适的，"每天坚持跑步30分钟"才恰当。如果30分钟太长，缩短到15分钟也可以。如果觉得跑步太累，也可以改成步行，先让身体习惯运动是最重要的，适应了之后再逐渐增加时间就好。

我们都知道,成长是一条上升曲线,而且是一条缓慢的、阶梯式的、上下振荡的上升曲线。有些日子里,30分钟的慢跑时间可能会增加到50分钟;有些日子里,无论你怎么努力都感觉停滞不前。

不论如何,重要的是不要与他人比较,不要担心竞争结果或目标。当按照自己的节奏不假思索地做着今天该做的事时,回过头看,你就会发现自己在不知不觉中已经走了很远。

这才是真正的成长。

如果非要选择一个比较对象

作为社会性动物,以他人的样子为动力来设定目标是我们的天性。所以如果你真的想找一个人比较,不如把昨天、一周前或一年前的自己作为对象。今天,找一件比昨天做得好的事,以积极的心态开始新的一天。很小的事情也可以,例如:过去我总是把笔记本电脑放在桌子上,以弯腰驼背的姿势工作,但今天我用了一个电脑支架，后颈变得更加舒适，姿势也更好了。反正我也不会去参加什么"良好体态大赛"，比昨天好一些我就很满足了。

今天早上，我邀请大家将今天的自己与昨天或一年前的自己进行比较。我敢打赌，你会发现自己有很多地方都比以前好了很多。所以，也让我们大方地为更好、更成熟的自己鼓掌。

第二十七天
早上一分钟,试试这样做

第一步: 对比一年前的你和今天的你。

第二步: 如果你发现了自己的进步,就把它记录在纸上。

第三步: 为更成熟的自己鼓掌。

Day **27** 1 min

· 第二十八天 ·

Day

28

准备一句真心话

只希望它能重获新生

最近我参加了一次兽医志愿者活动,为从非法养殖场解救出来的幼犬做绝育手术。我们为100多只雌性幼犬做了手术。

我是麻醉恢复小组的一员,要在术后接管幼犬并照顾它们,直到它们完全脱离麻醉。幼犬从麻醉中完全恢复所需的时间各有不同,短则10分钟,长则6小时。幼犬醒来后还需要监测它们的呼吸和心率,视情况进行紧急治疗。幼犬可能会挣扎,需要躺在地板上的一次性垫子上,这意味着麻醉恢复小组的兽医在护理它们时必须蹲下来。

志愿者工作从早上9点半开始,到晚上9点结束。中间除了上洗手间和15分钟的用餐时间,没有任何休息时间。我敢说,这是我这辈子做过的最紧张的体力活儿。

由于10多个小时无法伸展身体,我的膝盖和后背疼痛难忍。到下午5点左右,我已经开始思考自己是不是应该逃走。这比平日在宠物诊所工作要辛苦得多。如果一家能领薪水的公司让我做这种强度的工作，我可能会立即骂人。

但是，所有参加志愿服务的同事都毫无怨言地完成了自己的工作，而他们的动机只有一个，那就是为这些幼犬提供帮助，希望它们重获新生，成为别人心爱的宠物，而不是在非法养殖场中受到恶劣对待。

自我驱动的快乐

如何在不支付任何工资的情况下让大家达成共识，配合工作？有趣的是，我认为正是因为我们没有拿钱，所以大家的想法才是一致的。当你纯粹出于自驱力，而不是出于他人的要求或赚钱的目的去做某事，这本身就令人愉快，能给你带来一种其他事情无法比拟的成就感。

美国作家丹尼尔·平克在他的《驱动力》一书中说："奖励把令人兴奋的工作变成了例行公事、枯燥乏味的任务，把游戏变成了工作。奖励会削弱内在驱动力，导致成就、创造力甚至高尚的行动像多米诺骨牌那样倒下。"在丹尼尔·平克看来，当你喜欢做的事情变成为了奖励而做的事情时，你会变得不愿意去做，甚至无法成功。这一论点颠覆了人们传统上熟知的"胡萝卜加大棒"理论。

我对丹尼尔·平克的观点很有共鸣，因为我讨厌别人要求我做事，我的人生信条就是做自己想做的事。事实上，当我想学习的时候学习才是有趣的，当别人要求我学习时，我反而会有所抵触。读大学时我并不是最好的学生，但成为一名兽医后，我发现自学是一件非常有趣的事。如果在白天工作中遇到问题，我会在下班后留下来翻阅书籍和论文，学习到深夜。

就这样，我从一名讨厌考试的大学生变成了一名好学的兽医，还运营了一个主要发布学习内容的 YouTube 频道，拥有了数万名订阅者。

事后看来，为了考试而学习并不能让我有动力。在指定日期之前学完指定内容并不有趣，因为我是被成绩这个外在动机逼迫去做的，自学则让我感到兴奋，因为我对这些内容充满了好奇。这也是丹尼尔·平克所说的外在动机和内在动机之间的区别。

温暖的传递

2022年10月29日,韩国首尔的梨泰院发生大规模踩踏事故,造成159人死亡。这对公众来说是一个巨大的冲击,我也深感震惊。

后来,我去参加了遇难者的追悼会。守夜活动从晚上10点开始,一直持续到早上6点。人们为159名遇难者准备了159支蜡烛,轮流献茶、点蜡烛、默哀,最终将159支蜡烛全部点燃。

其他人点蜡烛时,我坐在禅座上祈祷,就这样等待了30分钟。轮到我点蜡烛了,起身时才发觉腿很麻,后背也痛得要命。

这个时候,看到眼前点燃的蜡烛那么多,而每支蜡烛都代表一个逝去的人,我完全不敢细想死者家属的感受……就这样,我情不自禁地哭了起来。

回到座位上时我已经泣不成声了,就在这时,坐在我旁边的人一言不发地递来一张纸巾。只是一张纸巾,那一刻却温暖了我的心,给了我莫大的安慰。世界是残酷的,有很多让人无法理解的悲剧发生,即便如此,一个人的温暖却能安慰另一个人的心。

我相信能做出这样温暖举动的人也是自发前来参加追悼会，而不是有谁让他来的。

不用花一分钱就能有成就感的事

那么，你自愿做的事情是什么呢？我指的是纯粹出于内在动机，而非出于物质奖励或外部压力才会去做的事情。

对一些人来说这件事可能是学习，对另一些人来说这件事可能是工作，或者照顾好家人。这里，我想推荐一件最简单的事，那就是帮助他人。

这种帮助不一定要很大，大到让受助者不知所措或产生负担，也不是说要花钱去帮助别人。可以简单一点，比如看到有人拿着沉重的行李上楼梯时，你过去帮个忙。再简单一点，只是对别人说一句真诚、亲切的话也可以。

不管是家人、朋友、同事还是陌生人，当你对别人说了一句温暖的话时，相信这种温暖的能量也会传递给你自己。

今天早上,准备一句温暖的话吧,把它说给你真正想说的对象听。

>>>

第二十八天
早上一分钟，试试这样做

第一步： 一起床就想一句真诚的话，比如"谢谢你的陪伴，有你真好"。

第二步： 把这句话说给你想说的人听。

第三步： 让这样的温暖充满一整天。

Day **28** 1 min

· 第二十九天 ·

Day

29

创造你自己的早上一分钟

前面我分享了很多自己的故事和心得，今天，我想听听正在阅读这本书的你在早上一分钟里想尝试的事。

每个人都有自己的世界，每个人的世界里都有属于自己的故事，里面有独特的汗水与泪水。地球上有80多亿人口，就有80多亿种故事。现在，想一个最适合你或者你最想要尝试的早上一分钟例行程序，然后去实践。

如果有人说你这样做很怪也不用在意，只要它能让你快乐，让你更享受生活，别人怎么说都没关系。

好了，让我们用自己的一分钟例行程序开始新的一天吧！

>>>

第二十九天
早上一分钟,试试这样做

第一步: 想一个只属于你的早上一分钟例行程序。

第二步: 早上醒来时,开始做这件世界上独一无二的事。

第三步: 以富有创造力的自己为荣,开始新的一天。

Day **29** 1 min

· 第三十天 ·

Day

30

为自己开一个庆祝派对

多多庆祝，小事也能成大事

现在，你正在阅读本书最后的章节。有些人会有选择性地实践书中的建议，有些人会在 30 天里每天坚持做同一个练习，有些人会在两三个月或更长的时间里慢慢探索这 30 个建议，还有一些人只是翻阅本书，不做任何事。无论如何，祝贺你读到这里！

我们家过生日的时候总是要吃生日蛋糕和海带汤，这是因为我们相信，值得庆祝的事情一定要隆重地做，这样才会生活得更好，运气也更好。快乐是一件非常主观的事，如果生活里没有发生什么值得高兴的事，你就很难高兴起来。做一件小事并把它的快乐放大却相对简单，所以我总是喜欢庆祝小事。

毕业之后我换过很多次工作，部分原因是兽医行业与其他行业相比，换工作相对容易。此外，对我个人而言，辞职、面试，然后找到新的工作也不是什么难事。即便如此，每次找到新工作，我还是会庆祝一下。

每到发薪日，我都要吃点好东西来庆祝，身边人遇到好事时我也会大张旗鼓地庆祝。有时接受祝贺的人会觉得这又不是什么大不了的事,我则会说:"不不不,不管是多小的好事,如果好好庆祝,它也会变成一件大事。"他们一开始会觉得尴尬,但很快就会进入状态,喜欢上这种方式。

赞美你内心的小孩

完美主义者习惯于贬低自己的成就:"这不过是别人都在做的事""我只是勉强赶上了最后期限""我只是运气好"……评价往往只是一个概念。对于同一件事,如果你给它贴上"做得不好"的标签,它可能就是坏的;如果你给它贴上"做得很好"的标签,它可能就是好的。对于孩子而言,当你夸他们做得很好时,他们会更加努力;当你指出他们做得不好时,他们会感到沮丧。别忘了,你心里也住着一个小孩,你要给这个小孩找点值得赞美的事。

当完成自己想做的事情时,哪怕这件事很小,你也要犒劳一下自己。如果有什么东西你一直拖着没买,这就是送自己礼物的绝佳机会,至少也要请自己吃一顿好饭。不要质疑自己"这是我应得的吗",如果你这样想,可能就真的会变成不值得的人。不少心理学家都提出过类似"充分品味当下的积极情绪"这种建议,这并不是说强迫你创造本没有的积极情绪,而是说在感觉良好的时候充分感受并停留在当下。

你是一个只要想做就能做成任何事的人

现在我正在写这本书的最后一部分,写完之后,我要开一个完稿派对。

如果你已经尝试了书中提到的任何一件事并感受到了变化,请先恭喜自己,并把这个消息传给其他人,让他们也恭喜你。你理应拥有足够多自己喜欢的东西,如果你能乐在其中,就应该得到更多。

有些人觉得分享好事会招人嫉恨,因此故意低调。如果你不想因为赞美自己做得好而被人讨厌,那就在别人做得好的时候也真心鼓励和祝贺他们。善于祝贺别人的人,在自己接受祝贺时也更容易体会到感恩之心。

今天,请在开始新一天的时候,为自己在早上一分钟里做过的小事鼓鼓掌。

你是一个了不起的人,因为你好好地把这本书读到了这里。

你是一个只要想做就能做成任何事的人。

第三十天
早上一分钟，试试这样做

第一步： 早上起床就告诉自己："你是一个只要想做就能做成任何事的人。"

第二步： 在这一天里，给自己准备一份小礼物或一顿美味的饭菜作为庆祝派对。

第三步： 拍下派对照片，上传到社交网络或分享给亲密的朋友。

Day 30 1 min

尾声

我就是"别人都在这么做,为什么你偏要与众不同"中的那个"你"。做别人都在做的事太痛苦了,在挣扎之中,我找到了生存方法,本书讲述的正是这样的过程。

遇到困难时,我也曾对自己说:"你是成年人了,你是专业的,别人都这么过来了,社会就是这么残酷……"一边哭一边咬牙坚持的我想:"真的只能这样吗?难道没有什么简单的方法能让生活变得更轻松、更有趣吗?"

当我开始寻找并尝试新的方法时,生活变得与从前不同了。我并没有做多么大的努力,只是通过早上一分钟的小习惯改变了能量的流向。如果我的读者中有人尝试了我尝试过的方法,并开始在日常生活中做出小小的改变，我会非常高兴。

我没有什么值得骄傲的特长，但如果说有什么是与生俱来的，那就是坚持。我的父母在最困难的时候也坚持好好生活，甚至还能面对打击开一开玩笑。直到长大成人我才意识到这是多么了不起的事，借此机会，我想感谢我的父母。

我总是尽最大努力做自己喜欢的事，而不是别人让我做的事。如你所知，坚持这样的生活并不容易，因此我要特别感谢我的读者和 YouTube 频道的订阅者，是你们让我能够继续我最喜欢的创作。

我会继续努力。

不要害怕做自己想做的事。

尽可能把自己不想做的事变得简单有趣。

柳韩彬 | 作者

本职兽医，但她不以工作定义自己，而是花尽可能少的时间在办公室，以 YouTuber、线上课程讲师、产品设计师、作家、演员、导演等身份追逐激情。前作《下班后开始新的一天》出版后，曾获得在大学担任全职教授的机会，但由于更看重自由，她在一年后放弃稳定职位，再次成为一名身兼多重身份的自由职业者。

早上一分钟，改变一整天

作者 _ [韩]柳韩彬　　译者 _ 杨名

特约编辑 _ 房静　　装帧设计 _ 张一一　　物料设计 _ 李琳依
主管 _ 阴牧云　　技术编辑 _ 顾逸飞　　责任印制 _ 梁拥军
统筹策划 _ 王誉

果麦
www.goldmye.com

以 微 小 的 力 量 推 动 文 明

图书在版编目（CIP）数据

早上一分钟，改变一整天 /（韩）柳韩彬著；杨名译. -- 北京：国文出版社，2025. -- ISBN 978-7-5125-2001-1

Ⅰ．B842.6-49

中国国家版本馆CIP数据核字第2025S6A731号

版权合同登记号：图字：01-2025-2968

아침 1 분 아주 사소한 습관 하나
by Ryu Hanbin
Copyright © 2025 by Ryu Hanbin
All rights reserved.
No part of this book may be used or reproduced in any manner whatever without written permission except in the case of brief quotations embodied in critical articles or reviews.
Original Korean edition published by Poten-up Publishing Co.
Simplified Chinese character edition is published by arrangement with Poten-up Publishing Co.through BC Agency, Seoul & Japan Creative Agency, Tokyo

早上一分钟，改变一整天

作　　者	[韩]柳韩彬
译　　者	杨　名
责任编辑	于慧晶
责任校对	房　静
出版发行	国文出版社
经　　销	果麦文化传媒股份有限公司
印　　刷	河北鹏润印刷有限公司
开　　本	787毫米×1092毫米　32开
	7印张　　　　　102千字
版　　次	2025年7月第1版
	2025年7月第1次印刷
书　　号	ISBN 978-7-5125-2001-1
定　　价	49.80元

国文出版社
北京市朝阳区东土城路乙9号　　邮编：100013
总编室：（010）64270995　　传真：（010）64270995
销售热线：（010）64271187
传真：（010）64271187-800
E-mail：icpc@95777.sina.net